凍った地球

スノーボールアースと生命進化の物語

田近英一

新潮選書

まえがき

かつて地球の表面は完全に氷で覆われていたという驚くべき事実が、ここ十年で明らかになってきた。地球上の生命は、海があり温暖な気候を持つ地球というゆりかごに育まれてきた、というこれまでの地球史観は崩れ去り、生命は大絶滅の危機に瀕するきわめて過酷な試練を何度も強いられてきた、と考えざるを得なくなってきたのである。

一方で、生命の進化も、こうした地球全体の凍結イベントと深い関わりを持っていたらしいことが分かってきた。私たちがいまここに存在している理由も、地球が凍りついたことと密接な関係にあるかも知れないのだ。

本書は、この「スノーボールアース仮説」（全球凍結仮説）の成立とそれがもたらした新しい地球史観を分かりやすく紹介することを意図して書いた。

私たち人類はいま、地球温暖化という目の前の問題に対処するため、国際社会の協調による温室効果ガスの排出削減に向けて努力している。人類活動による化石燃料の消費によって大気中の二酸化炭素濃度が増加する結果、気候の温暖化が確実視されているだけでなく、異常気象の増加や海面水位の上昇による島国や沿岸域の水没など、世界は温暖化にともなってこれから多くの困難な問題に直面することが予想されているのである。

しかし、過去の地球においては、それを上回る破局的な地球環境変動が、さまざまな形で繰り返し生じてきたことが分かっている。たとえば、超大規模火山活動や地球外天体の大衝突、大気中の酸素濃度の増加や低下、超温暖化などだ。そうした地球環境の生い立ちと振る舞いを理解することは、地球環境の将来を考える上で、有形無形のさまざまな示唆を与えてくれるはずである。

本書で述べる全球凍結イベントは、そのなかでも史上最大級の地球環境変動だといって過言ではない。全球凍結した地球上では、液体の水が完全に凍ってしまうため、生命が生存できなくなるはずだ。それにもかかわらず、一部の生命はそのような過酷な環境を生き延び、現在の地球上に存在するすべての生物種へと進化したことになる。はたして、生命は氷に覆われた地球上のどこでどうやって生き延びたのだろうか。

私たち人類を含むすべての動植物の出現へとつながる真核生物の誕生や、多細胞動物の誕生は、実はこの全球凍結イベントと密接な関係にあった可能性があるらしい。だとすれば、全球凍結イベントは、たんなる気候変動ではなく、生命進化史上きわめて本質的な意味を持つ出来事だったことになる。

さらに、地球全体が凍結するという現象は、太陽系外の惑星系に存在するであろう地球とよく似た「水惑星」に共通した性質である。ということは、全球凍結の研究は、実は、宇宙における地球のような惑星の存在とその気候状態、さらには地球外生命の存在の理解にもつながるような広がりを持っていることになる。

地球は非常に複雑なシステムであり、ものごとの変化は必ずしも直線的には起こらない。ときには、突然大きな変化が生じたり、もとの状態にはなかなか戻れなくなったりもする。そうした地球システムの挙動を理解するためには、現在の地球を調べるだけでは不十分であり、過去の地球の振る舞いについて詳しく知ることが大事なのだ。

過去の地球でいったい何が起こったのか。それが生命の進化とどのように結びついていたというのか。この驚くべき地球史をひもとき、明らかになってきた新しい地球史観について考えてみたい。

二〇〇八年十一月　東京にて　田近英一

凍った地球——スノーボールアースと生命進化の物語　目次

凍った地球——スノーボールアースと生命進化の物語

プロローグ

一九九九年二月。

その日、いつものように大学の事務室に郵便物を受け取りに行くと、オレンジ色の封筒が届いていた。差出人に目をやるとProf. Paul F. Hoffman（ポール・ホフマン教授）と書かれている。

「ホフマン？　いったい私に何の用だろう？」

ポール・ホフマンといえば、米国ハーバード大学地球惑星科学教室の教授で、とても高名な地質学者である。しかし、面識はまったくなかった。

封筒を開けてみると、米国の科学誌『サイエンス』に掲載された学術論文の別刷りが入っていた。その論文のタイトルは、“A Neoproterozoic Snowball Earth”（原生代後期のスノーボールアース）というものだった。

「スノーボールアース⁉」（雪球になった地球⁉）

初めて目にするその奇妙な言葉に、期待と不安が入り交じった気分に襲われた。その論文は、およそ半年前の一九九八年八月二十八日発行号に掲載されたものだった。私はその論文の存在を見逃していた。

論文を一読して、大きな衝撃を受けるとともに身震いするような興奮を覚えた。その論文に書かれていたことは、いまから約七億～六億年前の大氷河時代において地球の表面全体が凍結していた決定的な証拠を発見した、というものだったのだ。原生代後期と呼ばれるこの時代に地球全体が凍結したという考えは、「スノーボールアース仮説」（全球凍結仮説）と呼ばれ、すでに九二年に米国カリフォルニア工科大学のジョセフ・カーシュビンク博士が提唱していたということも分かった。

これもまたショックだった。というのは、その論文が掲載されていた、背表紙の厚さが八センチもある百科事典のように分厚い"The Proterozoic Biosphere"（原生代の生命圏）という本は、発行されてすぐ入手したにもかかわらず読まれることもなく、ずっと私の研究室の本棚に飾られていたものなのだ。

実は長い間、多くの研究者たちは、地球環境は地球史を通じて現在と同様の温暖湿潤な状態が維持されており、全球凍結したことは一度もなかったと信じていた。地球が全球凍結しても不思議ではないことは、一九六〇年代後半に理論的に明らかにされていたにもかかわらず、である。

そのように信じられていた根拠は、地球が全球凍結したとする地質学的証拠は存在しないからだった。もし全球凍結したら、地球は現在のような温暖湿潤な環境に戻ることができない、という理論的推論も根拠になっていた。それに、地球全体が凍りついてしまったら、ほとんどすべての生物が絶滅し、私たちはいまここに存在していないはずだ。

しかし、地球史を通じて全球凍結が一度も起こらなかった、ということを信じるならば、また別の大きな問題が生じることになる。それは、地球史を通じて、地球は温暖湿潤な環境をどうやって保ち続けることができたのか、という謎である。これは、「地球環境の長期的な安定性」といわれている問題で、地球惑星科学における重要な研究課題のひとつである。それはまさに、私の学位論文のテーマでもあり、私にとっては、現在でもまだ完全には解決されていない、長年の研究課題なのだ。

私は大学院生のときからずっと研究者生活のほとんどの時間をかけて、地球環境は長期的にみれば安定であるということを説明するために、あれこれ悩んできたのだ。それなのに、いまごろになって、地球が全球凍結したという地質学的証拠が発見されるとは！

自然科学においては、ひとつの新しい発見によって、それまでとはまったく異なる地平が開けることがある。コペルニクスの地動説しかり、ダーウィンの進化論しかり、である。とくに地球史の研究には、純粋な物理学の理論によって決定論的に予測することのできない確率論的な側面、すなわち歴史学的側面があるので、なおさらである。このときほど、それを実感したことはなかった。

さらにショックだったのは、ホフマン博士の論文が発表される少し前、私は、地球が全球凍結に陥ってもおかしくない可能性に気がついていたのだった。それは、かいつまんでいえば、地球全体の火山活動が少し停滞するだけで、大気への二酸化炭素の供給は停滞し、大気中の二酸化炭素濃度が低下し、暴走的な寒冷化が引き起こされ、ついには全球凍結状態に陥ってしまう、という可能性だった。簡単な計算をしてみると、火山活動による二酸化炭素の供給が現在の約一〇分の一以下になると、地球は全球凍結を避けられないことが分かった。しかし、全球凍結の証拠がないため、論理的には、地球が誕生して以来、火山活動は現在の約一〇分の一以下に弱まったことはない、という結論になるはずである。

このような研究成果を前年春に学会発表し、その内容をまとめた論文が学会誌に受理され、これから出版される直前というタイミングで、ホフマン博士からのこの手紙を受け取ったのである。何という間の悪さだろう！

ちょうど同じころ、大気中の二酸化炭素濃度と地球が取り得る気候状態の多重性の関係に関する大学院生との共同研究をまとめた私の論文が、米国地球物理学連合の学術雑誌に掲載された。その論文は、全球凍結に陥る条件と、現実の地球がたどった気候変動の履歴について議論を行ったものだった。もちろん、全球凍結したことはこれまで一度もなかったという大前提で。ホフマン博士は、この論文を目にして、私に手紙をくれたようだった。

手紙を受け取った数ヶ月後、ホフマン博士から電子メールが送られてきた。十月末に米国コロラド州デンバーで開催される米国地質学会において、スノーボールアースに関するスペシャル・セッションを企画しているので参加しないか、という誘いである。こうした経緯で、私はスノーボールアース問題に必然的に関わっていくことになった。

スノーボールアース仮説は、ホフマン博士の論文発表後、世界中の注目を集め、大論争を巻き起こすことになる。何しろ地球全体が凍りついたというのである。陸も海も全部凍ってしまうのだ。液体の水がなくなったら、生命はいったいどうなってしまうのだろうか？　スノーボールアース仮説は、「安定な地球環境」という概念に見直しを迫るとともに、これまでの地球史観や生命史観を根底から覆すような大胆な仮説なのだった。

ところで、スノーボールアース問題を含むこうした地球環境変動史の研究を、私はより普遍的な問題を理解するための重要なステップだと考えている。より普遍的な問題とは、地球のような「生命が生存できる惑星（ハビタブルな惑星＝habitable planet）の条件とは何か」である。この宇宙には第二の地球が存在するのか、といいかえてもよい。

そうしたテーマに強い関心を持つようになった背景について、少しだけお話ししておく。

私は、いわゆる天文少年だった。小学校低学年の頃、父親から買ってもらった一冊の本によって、すっかり星の世界に夢中になった。小学校から高校時代半ばまで、ほとんど毎晩のように星を眺めていたほどだ。当然、大学では天文学科へ進学するつもりでいた。ところが、進学直前になって、予想外の展開が待ち受けていた。

東京大学では、専門分野への進学は三年生からで、二年生の春頃には各学科の進学ガイダンスが行われる。学生はガイダンスに出るなどして情報収集し、最終的にどの学科に進学するのかを決める仕組みになっている。私はもちろん天文学科のガイダンスに出席した。そんなある日、ひとりの友人から、「自分も天文学科に興味があるのだが、ガイダンスに出られなかったので学科紹介パンフレットを貸してくれないか」、とたのまれたのである。その友人は同じ理学部の地球物理学科のガイダンスに出たので、代わりにそのパンフレットを貸してくれるといった。

実のところ、世の中の天文少年の多くがそうであるように、私は「地球」にはまったく関心がなかった。しかし、せっかくなのでそのパンフレットを借りてパラパラめくってみた。そして、驚くべき記述を発見した。そこには、「太陽系や惑星の研究は、地球物理学の守備範囲」だと書かれていたのである。

当たり前のことだが、地球は惑星のひとつである（ちなみに惑星とは、大雑把にいえば恒星の周囲を公転する比較的大きな天体のことだ）。太陽系には、火星や金星のように、地球とよく似た惑星が存在する。そして、地球を含む惑星は太陽系の形成とともに誕生した。つまり、地球を研究するための手法や概念は、そのまま惑星の研究に適用したり拡張したりできるはずなのだ。

そう考えてみると、納得がいくと同時に、何だか急に「遠くの星より近くの惑星」だと思えるようになってきた。そういえば、星空の中でひときわ明るく輝く惑星をよく眺めていたことが思い出された。惑星がとても身近に感じられるようになってきたのだ。そして、急転直下、私は天文学科ではなく、地球物理学科に進学することにした。

地球物理学科では、地球についていろいろ学ぶことができた。それまで地球について何も知らなかったが、勉強すればするほど、とても大事な分野であることがよく分かった。自分の住む世界について知ることが意義深いのは当たり前である。気象や海洋、地震、火山、地球内部、地球磁場など、身近で非常に面白いテーマが目白押しだった。

けれども、四年生になると、私は迷わず、惑星に関する研究を行うことにした。指導をお願いすることになった松井孝典博士は、日本における惑星科学の先駆者の一人で、非常に幅広い視野と斬新な発想を兼ね備えた、日本にはめずらしいタイプの研究者である。惑星科学についていろいろ学んでみると、それは私にとって大変しっくりくるもので、「自分はまさにこういうことがやりたかったのだ」と感じた。そして、大学院へ進学して、惑星に関する研究をさらに続けたいと考えた。

ところが、大学院進学後、再び転機が訪れる。指導教官から、「学位論文のテーマとして、地球大気の進化を研究してはどうか」と言われたのだ。

誕生して間もない頃の地球は、現在の金星のように二酸化炭素を主体とする数十気圧にも及ぶ大気を持っていたと考えられ、それがいかにして現在の大気へと進化してきたのかを研究してはどうかというのだ。二酸化炭素は温室効果気体だから、その変遷は地球環境の変遷とも密接に関係している。すなわち、それは生命の進化や地球環境の安定性の問題と深く関係していた。

それ以前であれば、地球の研究をするなんて思いもよらないことであったが、その時は、不思議と「地球の研究をやってみるのも悪くない」と思えるようになっていた。というのは、「地球のこともよく分かっていないのに、いったいどうして他の惑星のことが分かるのか」という思いが強くなっていたからである。それはいまでも私の信念となっている。

大学院では結局、地球大気の進化に関する理論研究を行うことになった。大気の進化といっても、太陽の進化、気候の形成、物質循環、大気や海水の組成、生物活動、火山活動、大陸成長、地球内部進化など、ありとあらゆることが関係しており、分野横断的な知識と発想が求められた。地球全体をひとつのシステムとして捉える必要があったのだ。

それと同時に、これは地球の問題でありながら、宇宙におけるハビタブルな惑星の存在条件の問題と深く結びついていることに気がついた。すなわち、ハビタブルな惑星には惑星環境が安定に維持されるような仕組みが必要であり、大きな環境変動は抑制されなければならないはずだからである。

実際の地球史はどうだったのだろうか？　どんな原因によってどんな環境変動が生じてきたのか？　そのとき、生命はどんな影響を受けたのか？　こうした問題を理解するため、大学院修了後も、主として地球史における地球環境変動について研究を続けることになった。

そうしたわけで、地球のことを研究するためには惑星としての地球という視点が不可欠であり、他の惑星について理解するためには地球の理解が基礎となる、という「比較惑星学」的なものの見方、すなわち、地球と惑星をシームレスに（継ぎ目なく、つまり分け隔てなく）捉える見方が、私の基本的なスタンスとなった。また、地球や惑星の挙動の理解には、地球や惑星をシステムとして捉える「地球惑星システム科学」という新しい分野の確立が必要であると考えるようになった。

一九九五年、太陽以外の星のまわりに惑星が発見された。それ以来、現在までに三〇〇個を超える太陽系外惑星が発見されている。これは、人類の世界観を変えるような大発見だといえよう。太陽系と同じように、多くの星のまわりにも惑星がまわっており、太陽系だけが特別なものではないことが証明されたからだ。

これまで発見されている太陽系外惑星のほとんどは、木星のような巨大惑星ばかりである。しかし、その理由は巨大惑星の方が見つかりやすいからに過ぎない。観測手法や観測技術の向上によって、地球のような惑星が見つかるのは時間の問題とされている。そして、ハビタブルな惑星の探索は、今後の天文学及び惑星科学における最重要課題のひとつとなった。

けれども、ここに大きな問題がある。ハビタブルな惑星であるためには、そもそもどのような条件が成立している必要があるのか、ということだ。少なくとも、地球型生命の生存のためには液体の水が必要不可欠である。液体の水が存在できるような惑星環境が成立するためには、さまざまな条件が必要で、すでにいくつかの研究がある。しかし、液体の水が存在する条件だけでは、ハビタブルな惑星の条件としては不十分なのだ。

なぜなら、液体の水が一時的に存在できたとしても、そのような環境が長期間にわたって維持されなければ意味がないからだ。さらに、もし惑星環境がきわめて不安定だったとしたら、たとえ生命が誕生しても、生存し続けそして進化することはできないだろう。惑星の環境がどうやって安定に維持され、あるいは変動するのかについての理解が必要なのだ。

地球のような生命が存在できる惑星の条件の解明には、生命が生存可能な惑星環境の成立とそれを安定に保つ維持機構について、さまざまな側面から理解することが必要である。そして、その基本的な立脚点は、やはり地球自体の理解に基づくしかない。その意味において、地球環境を包括的に理解することは、きわめて重要なのである。

二一世紀のいま、人類活動にともなって排出された温室効果ガスによる地球温暖化が大きな社会問題となっている。気温や海水温の上昇だけでなく、海面水位の上昇や非常に強い勢力を持つ熱帯低気圧の発生、集中豪雨や異常気象の増加、などが予測されている。地域によっては、洪水や旱魃、伝染病の増加や食料生産の低下などが心配される。生態系への影響も深刻である。

しかし、温暖化は人類社会にとっての大いなる脅威なのであって、地球にとってみれば過去に何度も経験してきた気候変動のひとつにすぎない。地球は、現代の温暖化よりもはるかに過酷な気候変動を、これまで何度も経験してきたのである。

人類は歴史に学ぶ生き物である。人類の歴史を通じた知識や経験の蓄積が、現代文明を支える基礎になっている。しかし、私たち人類が積み重ねてきた経験は、地球の歴史と比較するにはあまりに短く、したがってきわめて限られたものに過ぎない。だからこそ、私たちは人類誕生以前の遠い過去にまでさかのぼり、いろいろ学ぶ必要があるのだ。

過去に生じた地球環境変動を詳しく学ぶことで、現在の地球環境に関する理解がより深まり、将来の地球環境変動を予測するための有益な手がかりが得られるはずである。そして、そうした理解の体系が、最終的には、地球のような生命が存在できる惑星の条件の解明にもつながるはずである。スノーボールアース仮説は、その最も極端な事例ではあるが、だからこそ地球システムの挙動を知るための格好の題材でもある。

地球が全球凍結したというのは本当なのか、それは地球史においていったいどのような意味を持つのか、これから一緒に考えてみたい。

第一章　寒暖を繰り返す地球

1　南アフリカの大地に証拠が

　ホフマン博士から手紙を受け取ってから三年経った二〇〇二年九月、私たちはアフリカ大陸最南端に位置する南アフリカ共和国のキンバリーという町に降り立った。成田を出発してから、三十三時間が経過していた。これからさらに、目的地のカラハリ砂漠を目指して、西に向かってひたすら車を走らせなければならない。

　この年、南アフリカ共和国を訪れたのは、実はこれで二度目だった。それまでアフリカ大陸の土を踏んだことは一度もなかったのに、この年、偶然にも七月、九月と続けて二度もアフリカの地を訪れることになろうとは、まったく想像もしなかった。最初の訪問の機会は、南アフリカ共和国のヨハネスブルクで開かれた国際会議に出席するためだった。その会議では、地球史を通じた地球環境変動に関する研究発表があり、数億年前の氷河時代に関する最新の議論も行われた。だが正直に告白すれば、そのとき南アフリカ共和国を訪れた本当の目的は別にあった。会議そのものではなく、会議後に企画された地質学巡検に参加したかったのだ。
南アフリカ共和国東部のバーバートン地域は、地球科学者ならば誰でも一度は訪れてみたいと思う、あこがれの地である。そこは、地球史のなかでももっとも古い地質帯に属し、約三五億年前の地層が露出しているのである。三五億年前といえば、地球が誕生してからまだ一〇億年しか経っていない頃である。南アフリカ共和国は、そうした古い地層が広く分布していることで知られており、しかもダイヤモンドや金、プラチナをはじめとするさまざまな鉱物資源の宝庫でもある。

そんな南アフリカ共和国をこの年二度目に訪れた目的は、いまから約二二億年前に生じた地球環境変動に関する予備調査を行うためであった。その時代の地層は、南アフリカ共和国北西部のカラハリ砂漠周辺に分布している。私たちは、米国カリフォルニア工科大学のジョセフ・カーシュビンク博士とともに、当時の大氷河時代の証拠を自分たちの目で確かめるため、カラハリ砂漠を訪れたのだ。

カーシュビンク博士（私たちは、親愛を込めて、ジョーさんと呼ぶ）は、地球物理学の一分野である古地磁気《こちじき》学《がく》の専門家として著名だが、それにとどまらず、バクテリアから人間までの生体内における磁性鉱物の存在とその役割の研究なども行っており、類い希な才能に恵まれた研究者である。しかし、一九九二年、ある研究で彼はさらに有名になった。

それは、いまから約六億年前の原生代後期と呼ばれる時代において、地球全体が凍結するほどのきわめて過酷な気候変動が生じた、という仮説を世界で初めて提唱したことだ。彼は、それを「スノーボールアース仮説」（全球凍結仮説）と名付けた。

仮説では、地球表面の大陸がすべて氷河に覆われるだけでなく、海もすべて海氷に覆われ、地球全体が真っ白な雪玉のようになってしまった、と考える。そう考えなければ説明のしようがない証拠を、彼は発見したのである。「雪玉地球」とは、ユーモアやジョークが大好きないかにもジョーさんらしいネーミングである。

地球の過去に関する研究によって、地球はこれまで実にさまざまな環境変動を経験してきたことが明らかになった。温暖化や寒冷化が何度も繰り返されてきたばかりか、天体衝突や超大規模火山活動、酸素濃度の増加や低下など、私たち人類が経験したことのない、さまざまな未知の環境変動が生じたらしいのである。

そのような過去に生じた地球環境変動のなかで最も深刻なものが、このスノーボールアース・イベントであろう。地球がほぼ完全に氷で覆われていたなどということが、皆さんには想像できるだろうか？　その頃の地球を宇宙から眺めたら、真っ白な「氷の惑星」に見えただろう。それは、同時に、生命活動のない「死の惑星」でもある。私たちがよく知っている現在の「青い地球」とは似ても似つかない姿がそこにあったはずである。

実をいうとこの仮説は、カーシュビンク博士が一九九二年に発表してからしばらくの間、ほとんど注目を浴びることはなかった。しかし、その後、米国ハーバード大学のホフマン博士らがこの説を強く支持する証拠を発見し、一九九八年にその論文が米国の科学誌『サイエンス』に掲載されると、一気に大ブレイクした。

この仮説は、原生代後期（約七億〜六億年前）の氷河堆積物にともなうさまざまな地質学的特徴を統一的に説明できることから、世界中の研究者の注目を浴びることになる。だが同時に、猛烈な反論とも戦わなければならなくなった。反論がたくさん出てくるということは、学界の注目を浴びている証拠でもある。こうして多くの研究者が、原生代後期の全球凍結イベントの研究に参入するようになった。

ところが、仮説の提唱者である当のカーシュビンク博士自身は、その後は別の問題に没頭してしまう。それはたとえば、いまから約五億年前のカンブリア紀に動物が突然多様化したのはなぜか、あるいは火星から飛んできたとされる隕石中に発見されたバクテリアのような形をした痕跡は果たして火星生命の化石なのか、といった問題である。どれもとても重要な研究で、しかも興味深いテーマばかりである。

しかし、彼はスノーボールアース問題を忘れていたわけでは決してなかった。一九九七年にイギリスの科学誌『ネイチャー』に掲載された論文において、南アフリカ共和国に露出している約二二億年前の氷河堆積物を覆う溶岩の古地磁気学的な研究を行い、約七億〜六億年前の原生代後期だけでなく、原生代前期においても全球凍結イベントが生じた可能性があることを明らかにしたのだ。

大変興味深いことに、原生代前期という時代は、私たちがいま呼吸している大気中の酸素の濃度が急激に増加したことでもよく知られている。博士は、酸素濃度の増加が、まさに約二二億年前の全球凍結直後に起こった可能性を示唆したのだ。そして、この時期に酸素を生産することのできた唯一の生物であるシアノバクテリア（酸素を発生するタイプの光合成をはじめて行った生物で、以前は「ラン藻」とも呼ばれていた）の誕生が、原生代前期の全球凍結の成因と深く関係していたのではないか、という大胆な仮説を提唱する論文を二〇〇〇年に発表した。

私たちが南アフリカ共和国にやってきたのも、その仮説を検証するとともに、同時代の氷河堆積物が分布する北米大陸との地層対比の可能性を検討するためであった。南アフリカの大地には、地球のはるかなる遠い記憶が眠っており、その驚くべき事実が明らかにされるのを、二十数億年ものあいだ待ち続けていたのだ。

2　氷河時代にいる私たち

そもそも、私たちは現在の地球環境のことしかよく知らない。自らの経験を基準に、「今年の夏はおかしい」とか「異常気象だ」などと言ってみたりする。しかしながら、私たちの知っている現在の地球環境が、地球史において典型的なものであるという保証はどこにもないのである。

いま、地球温暖化が社会問題になっている。しかし、それが未曾有の現象なのか、それとも過

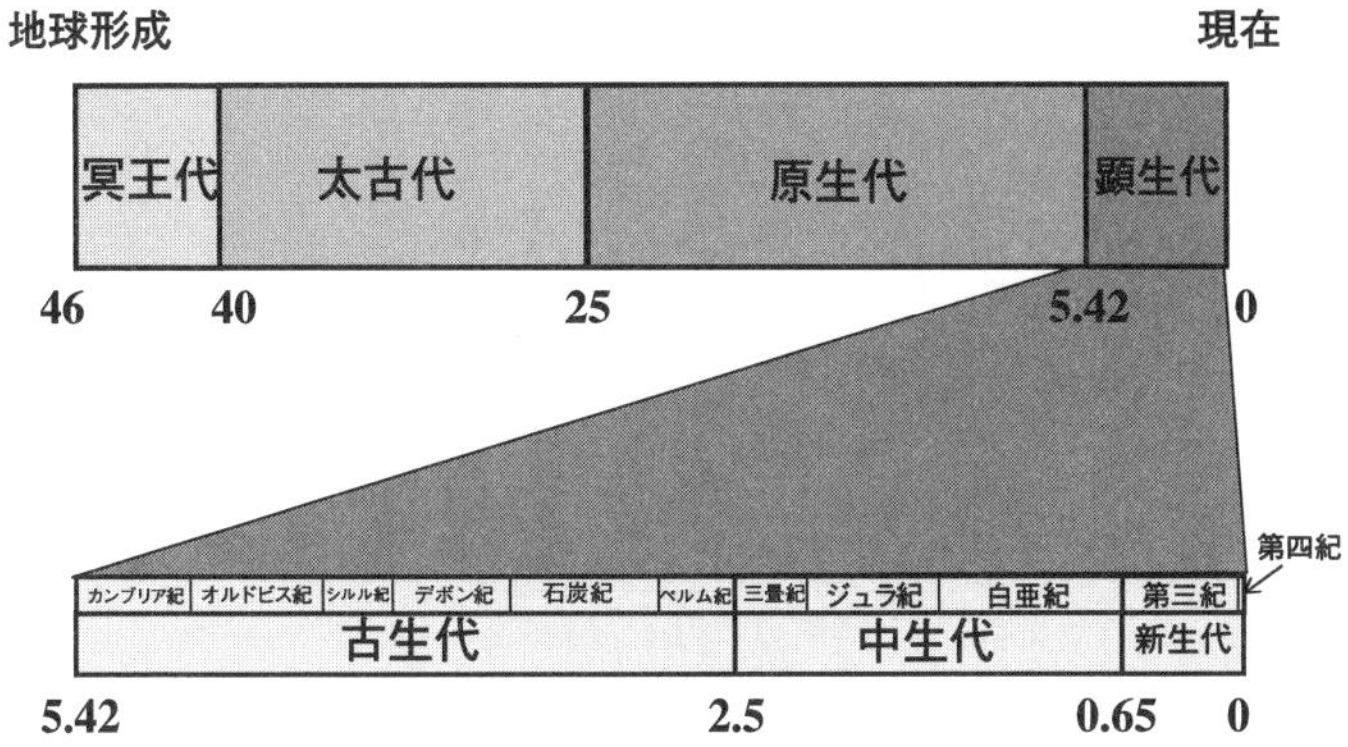

〈図1〉地球史年表（単位は億年前）

去にもしばしば生じた自然変動に類するものなのかは、現在の地球だけを見ていても分からない。現在の地球環境について理解し、将来を予測するためには、過去の地球環境とその変動がどういうものだったのかということについて学ぶ必要があるのだ。

　地球環境の変遷について理解するためには、まず地球史の時代区分を知っておく方がよいだろう〈図1〉。

　地球はいまから約四六億年前に誕生した。地球誕生から四〇億年前までの時代は、「冥王《めいおう》代」（英語でHadean）と呼ばれている。地質記録がほとんど存在せず、その実態が闇に包まれていることから、ギリシア神話の冥界の王ハデス（Hades）にちなんで名付けられた。その後、四〇億年前から二五億年前までは「太古代」と呼ばれており、地球環境は現在とはいろいろな面でかなり様子が異なっていたと考えられている。さらに、二五億年前から五億四二〇〇万年前までは「原生代」と呼ばれており、本書で扱う大氷河時代がその前期と後期に訪れた。

原生代の後、五億四二〇〇万年前から現在までは「顕生代《けんせいだい》」と呼ばれている。顕生代とは、文字通り「生物の存在が顕著にみられる時代」である。この時代の初め、カンブリア紀において、生物が硬い骨格（鉱物からなる硬い骨や殻など）を獲得したため、生物の存在が化石として地層中に残りやすくなったことに由来する。なかには世界中に活動の場を広げるものもおり、そうした生物種の化石は、いま世界中の地層にその存在を残している。そのおかげで、顕生代の地層は世界中で対比することができる。

ここで重要なポイントは何かというと、ほとんどの種はいつか絶滅する運命をたどる、ということだ。生命史は、「進化の歴史」であると同時に、実は「絶滅の歴史」でもあるのだ。それゆえ、ある特定の生物化石の組み合わせは、ある時代に特有のものとなる。つまり、化石の種類とその組み合わせから、時代を細かく区分することができるのである。細かい時代区分は詳しい議論を可能にし、したがって顕生代はそれ以前の時代と比べて、格段に高い時間精度でさまざまな事実が明らかにされている。

顕生代と比べれば、原生代以前の時代（「先カンブリア時代」とも総称される）は、いまなお不明なことが多い暗黒の時代であるといえる。

地球史の前半、時代でいえば冥王代から太古代の半ばまで、年代でいえばいまから約三〇億年前までの地球は、摂氏数十度から一〇〇度を超すような高温環境だったことを示唆する地質学的証拠がいくつか報告されている。この時代には、地球上に巨大な大陸がまだ存在していなかったと考えられているのだが、もしそうだとすれば地球は必然的に高温環境になる、という理論的根拠もある。しかし、あまりに古い時代すぎて地質学的証拠の解釈にも異論があり、その真偽はまだよく分かっていない。

地球に最初の氷河時代が訪れたと考えられているのは、約二九億年前のことである。その後、氷河時代は繰り返し訪れるようになる。約二九億年前より以前に氷河時代が本当になかったのかどうかについては、よくわからない。まだその証拠が発見されていないだけなのかも知れない。しかし、このことは、地球史の前半は高温環境で、それが地球史の後半になって寒冷化した、ということを意味しているのかも知れない。

ところで、そもそも「氷河時代」とは何だろうか？

氷河時代というのは、寒冷な気候の影響で、「大陸氷河」または「大陸氷床《ひょうしょう》」と呼ばれる、巨大な氷の塊が大陸上に存在する時代のことである。大陸氷床は、地形の起伏によらずに存在する広域的な氷河のことで、厚さは三〇〇〇～四〇〇〇メートルにも達する。平地と比べて気温の低い山岳に形成される「山岳氷河」とは区別される。

南極大陸やグリーンランドには今も大陸氷床が存在する。したがって、定義によって、現在も氷河時代に分類される。つまり私たちは、地球史においては、寒冷な時代に生きているのだ。

現在は氷河時代だというと、「氷河時代というのはマンモスがいた頃の話ではないか」とか「現在は地球温暖化が起こっているのだから、温暖な時期なのではないか」といった疑問が湧く

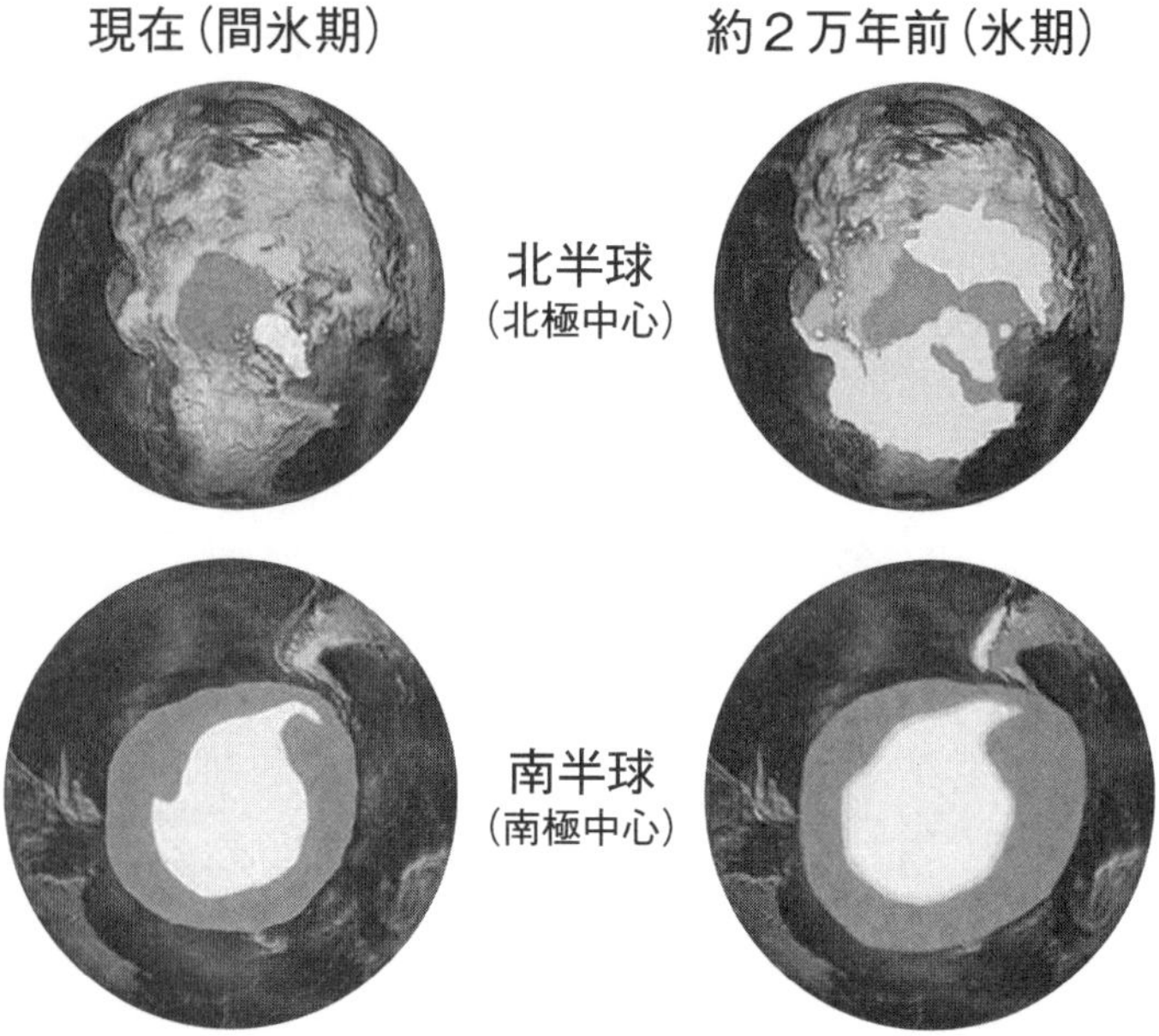

〈図２〉氷期（右）と間氷期（左）の地球の姿。いまから約２万年前と現在の地球について北極中心にみた姿（上段）と南極中心にみた姿（下段）を比較したもの。白い領域は大陸氷床、灰色の領域は海氷に覆われていることを表す。（米国海洋大気庁〈NOAA〉ウェブページより）

であろう。

確かに、いまから約二万年前は、現在よりもさらに寒冷な時期であった。北欧にはフェノスカンディア氷床、北米大陸にはローレンタイド氷床と呼ばれる巨大な大陸氷床が存在し、たとえば北米大陸は、現在のニューヨーク付近まで氷に覆われていたことが分かっている〈図2〉。まさに映画『デイ・アフター・トゥモロー』と同じような光景が広がっていたはずである。

実は、氷河時代においては、「氷期」と「間氷期」

とが周期的に繰り返している。氷期というのは、氷河時代の中でもより寒冷な時期で、間氷期というのは、氷河時代の中でも比較的温暖な時期のことである。現在は、このうちの間氷期にあたる。氷期と間氷期では、地球上に存在する大陸氷床の体積も大きく異なる。また、氷期においては、地球全体の平均気温が、現在の間氷期よりも数度程度低かったと考えられている。

ちなみに、俗にいう「氷河期」という言葉は、氷期、とくに一番最近の氷期である「最終氷期」(約七万～一万年前)を指して用いられることが多いようである。ちょっと紛らわしいので注意してほしい。

さて、氷河時代が定義できるということは、地球史においては、大陸上に氷床がまったく存在しないような、非常に温暖な時代もあることを意味する。そのような時代こそが、真の温暖期である。いまから約一億年前や約五〇〇〇万年前は、顕生代における代表的な温暖期である。これらの時期には、現在の地球ならば寒冷なはずの高緯度地域すらも非常に温暖であった、という証拠がいろいろ見つかっている。

たとえば、いまから約一億年前は、恐竜が栄えた中生代の白亜紀(約一億五〇〇〇万年前から約六五〇〇万年前まで)の中頃に相当する。この時期は温暖期の代名詞にもなっているほどで、顕生代における最温暖期として有名である。海水温の指標である海水の酸素同位体比の値、海洋域におけるサンゴ礁の分布や陸域における動植物の分布、海底堆積物の種類など、あらゆる地球環境の指標が、当時、非常に温暖であったことを示している。

そうした指標を総合すると、白亜紀中頃は、地球全体の平均気温が現在より六〜一四度も高かったことが示唆される。赤道と極の温度差は、現在は四一度であるのに対して、一七〜二六度程度しかなかったようである。つまり、南北間の温度コントラストが小さかったらしい。赤道と極の温度差が小さいという特徴は、地球温暖化予測でも知られている。地球温暖化が進むと、赤道域の温度はあまり変化しないが、極域の温度は大きく上昇するのである。ただし、白亜紀中頃の温暖化は、現代の地球温暖化よりもずっと大規模なものだった。

白亜紀中頃の極域には、永久極冠が存在しないどころか季節的な氷も形成されていなかったようである。つまり、北極や南極に氷がまったくなかったと考えられている。実際、アラスカなどの高緯度域にも森林が広がっており、恐竜を含む爬虫類が生息していたことが、化石記録によって知られている。

また、海洋の大部分を占める海洋深層水の温度が、現在は摂氏二度程度なのに対して摂氏一八度もあったことが分かっている。おそらく、海水の蒸発が活発な低緯度海域において、暖かく塩分の濃い海洋深層水が形成されていたのではないか、という可能性が示唆されている。ちなみに、海洋深層水にはミネラルが豊富に含まれていることから、健康ブームも手伝って、最近では水産、医療、食品の分野での利用が研究されていることから、テレビの情報番組やコマーシャルなどで耳にしたことのある読者もおられるのではないかと思う。

白亜紀中頃の温暖化の原因としては、現在とは大きく異なる大陸の配置、ヒマラヤ山脈やアンデス山脈などの大山脈がまだ形成されていなかったこと、大規模な海水準の上昇によって現在よりも二〇パーセントほど陸域面積が少なかったこと、などの要因が関係していたようである。しかし、それだけではこの時期の温暖化は説明できないことが分かっている。

当時は火山活動が活発だったことが知られており、その結果として大気中の二酸化炭素濃度が高かった、ということが最も重要な温暖化要因だったと考えられている。さまざまな研究から、白亜紀中頃の二酸化炭素濃度は、現在の四〜六倍も高かったと推定されている。白亜紀の温暖化が現代の地球温暖化よりもずっと大規模なものだった、という意味が分かるであろう。

新生代のはじめ、暁新世《ぎょうしんせい》から始新世《ししんせい》の前半にかけて、地球はふたたび温暖化し、いまから約五〇〇〇万年前には白亜紀中頃と並ぶ気候の最温暖期になったことが知られている。この時期においても、海洋深層水は暖かく、赤道と極の温度差が現在よりもずっと小さかったことが分かっている。実際、当時の極地域の地層からは温暖な植物化石が産出され、なんと緯度五〇度（現在でいえば、フランスのパリやカナダのバンクーバー付近）までアマゾンにあるような熱帯雨林が分布していたことが知られている。この時期の温暖化も、やはり大気中の二酸化炭素濃度の増加が原因だったと考えられている。

これらの時期は、現在とはまったく異なる、温室地球を代表する時代であるといえる。地球温暖化が極端に進むとどんな状態になるのかが知りたければ、こうした過去の温暖期について詳しく調べることが重要だ。

ところで、そもそも何千万年、何億年も前の地球の環境が温暖であったり寒冷であったりということが、いったいどうしてわかるのだろうか？　その答えは地層に隠されている。地層に記録されている過去の地球環境の指標を読み解くことによって、そうした気候の状態が分かる。地層は、いってみれば地球の履歴書なのである。とりわけ、ある特定の時代の地層に「氷河堆積物」と呼ばれる、氷河作用によって形成された堆積物がみられる場合には、その時代は明らかな寒冷期（氷河時代）であると判断される。

たとえば、地層を調べていると、あるところで急に礫《れき》（砂よりも大きい、直径が二ミリメートル以上の砕屑物《さいせつぶつ》のこと）がたくさん含まれている層が見られることがある。このような特徴を持った地層は「ダイアミクタイト」と呼ばれる〈写真3上〉。ダイアミクタイトには、さまざまなサイズの礫が含まれているのが特徴で、ときには数メートルに及ぶようなものがみられることもある。

ただし、むずかしいことにダイアミクタイト＝氷河堆積物というわけではない。ダイアミクタイトというのは、その成因とは無関係の用語なのだ。あくまでも、地層のみかけの特徴だけから定義される。したがって、ダイアミクタイトがあるというだけでは、それが氷河作用によって形成されたものであるかどうかまでは分からない。ややこしいことにダイアミクタイトは、斜面崩壊や土石流、海底地滑りなどによっても形成されるからだ。そこで、緻密な観察が必要となる。

〈写真３〉カナダのオンタリオ州にみられる約22億年前の氷河堆積物。
（上）ダイアミクタイト、（下）ドロップストーン。

地層の詳しい観察によって、もし氷河作用で形成されたと考えられる特徴を発見することができた場合、そのダイアミクタイトは氷河堆積物だということになる。

これまでのところ、氷河作用の証拠が発見されていない、成因のよくわからないダイアミクタイトは数多く見つかっている。氷河性であることを示すためには、誰もが納得する決定的な証拠が必要で、それを示すのは大変なことなのである。

氷河作用によって形成された特徴というのは、たとえば、礫によって、その下の堆積構造がゆがめられているような場合である〈写真3下〉。これは、海底でゆっくりと細かい泥が堆積していたところへ、突然、上から大きな礫が落下してきた、と考えると説明がつく。そのような礫がどうして降ってきたのかといえば、近くの陸地にあった氷河が礫を内部に取り込んだまま海へ流出し、氷山となって沖合に流され、やがて氷が融けるにつれて取り込まれていた礫がばらばらと海底に落ちたのだ、と考えられる。

このような礫のことを、「ドロップストーン」と呼ぶ。つまり、誰の目にも明らかなドロップストーンを見つけることができれば、そのダイアミクタイトは氷河性であると判断される。しかしながら、ドロップストーンであることが明白であるためには、その礫を含む堆積物が「ラミナ」（地層にみられる縞模様のことで、葉理《ようり》とも呼ばれる）を持っていて、下側のラミナが礫の重みでゆがんでおり、礫の上側のラミナへと連続的に堆積していることが分かるような場合に限られるのである〈写真3下〉。

そのほかにも、擦痕《さっこん》と呼ばれる、岩石表面の直線的な擦り傷も氷河作用の証拠となる。これは、氷床の流動に伴って氷床底部に取り込まれた礫岩と基盤岩との摩擦によって刻まれた傷である。実際にダイアミクタイトが氷河性であるかどうかを判定するためには、こうしたいくつかの特徴を総合的に判断する必要がある。このように、研究者たちはあたかも刑事や記者のようにいくつもウラをとりながら、そのダイアミクタイトが氷河によって作られたものかどうかを判断していくのである。

地球史において、これまで知られている最古の氷河時代は、先ほど述べたように約二九億年前の氷河時代である〈図4〉。南アフリカ共和国に露出するこの年代の地層中に氷河性のダイアミクタイトが見つかり、ポンゴラ氷河時代と呼ばれるようになった。ただし、これまでのところ、同時代のほかの地域からは情報が得られていないため、当時、地球全体がどのような環境にあったのかは、まだよく分かっていない。

その後、原生代の前期と後期において、非常に大規模な氷河時代が訪れたことが知られている。約二四億五〇〇〇万〜約二二億年前の原生代前期氷河時代（ヒューロニアン氷河時代）と約七億三〇〇〇万〜約六億三五〇〇万年前の原生代後期氷河時代（スターチアン氷河時代及びマリノアン氷河時代）である〈図4〉。これらの氷河時代こそ、本書で取り上げる、全球凍結イベントが生じた時代である。これらは地球全体が凍りついたという点において、ほかの氷河時代とは一線を画す。

原生代の前期と後期の大氷河時代の間の時代には、いくつか怪しげなダイアミクタイトの存在

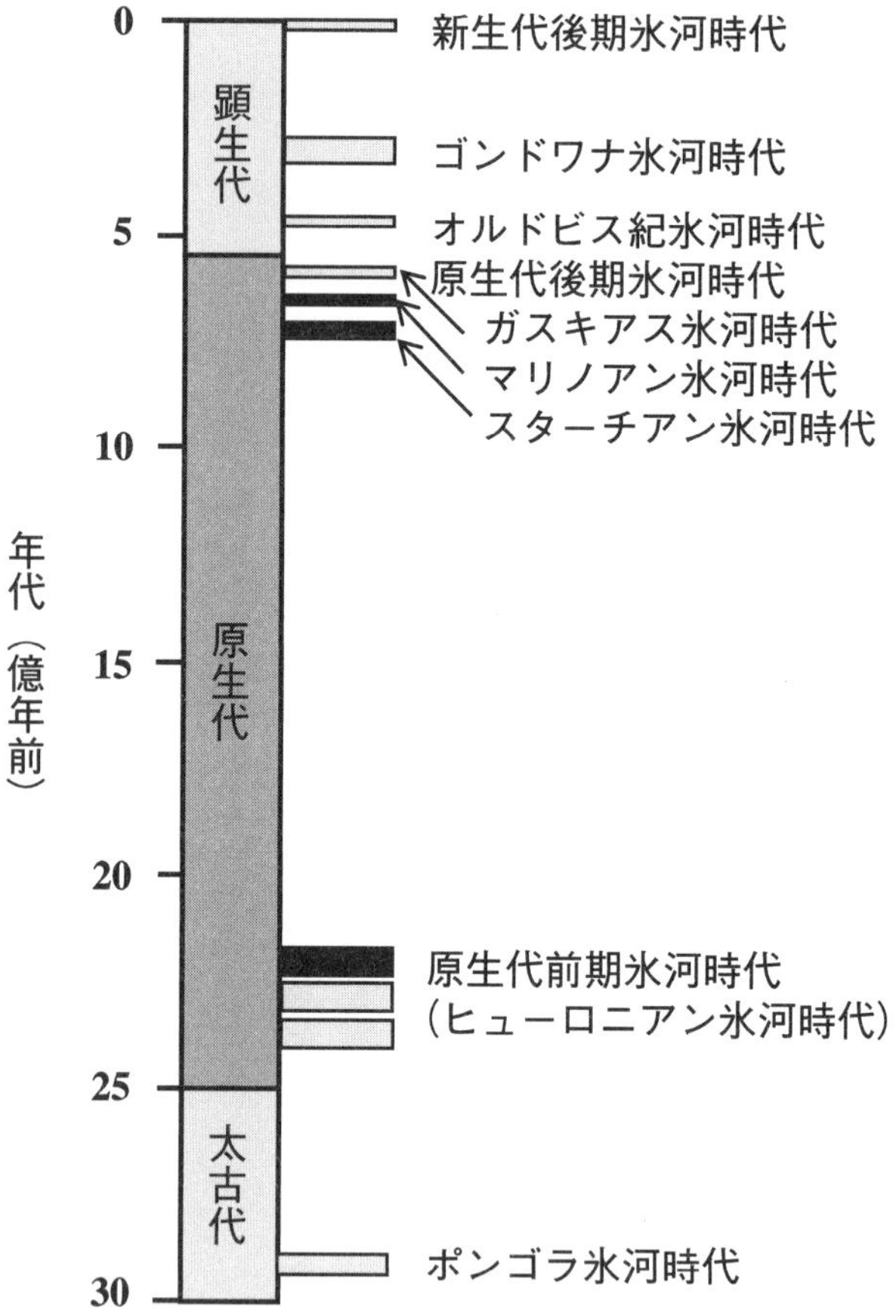

〈図４〉地球史における氷河時代。黒で示した３回の氷河時代においては、地球全体が凍結したのではないかと考えられている。

が報告されてはいるものの、確実な氷河堆積物は知られておらず、約一五億年間にもわたって温暖期が続いたのではないかと考えられている。これがもし本当だとしたら、いったいどうしてそんなにも長いあいだ温暖な気候を維持することができたのか非常に不思議である。しかし、この時代の研究はあまり進んでおらず、まだ詳しいことはよく分かっていない。

一方、顕生代のはじめは温暖期であった。約四億六〇〇〇万年前のオルドビス紀に、当時の南極点付近にあったアフリカ大陸北部が氷床で覆われるが、その後も基本的には温暖な時代が続く。しかし、石炭紀半ばの約三億三〇〇〇万年前になると、ふたたび大きな氷河時代が訪れる。古生代後期氷河時代（ゴンドワナ氷河時代）である。当時は、パンゲア大陸と呼ばれる超大陸が形成されつつあった時代で、南半球のゴンドワナ大陸が広く氷床に覆われた証拠がある。この時期の寒冷化には、陸上植物の大繁栄とパンゲア大陸の形成が深く関係していたらしい。

その後、地球は中生代に向けて温暖化する。そして、新生代の初めにも温暖化が起こるが、その後は徐々に寒冷化しはじめ、約四五〇〇万〜三四〇〇万年前頃までには南極大陸に氷床が形成されて、現在へと続く新生代後期氷河時代が訪れるのである。

3　赤道まで凍っていた

こうした過去の地球環境変動のなかでも、地球史上類を見ない極端な寒冷化現象が原生代の前期と後期に生じた。とくに原生代後期の氷河時代には、他の氷河時代には見られない不思議な特徴がいくつも知られている。ここでは、原生代後期の氷河時代をめぐる研究の経緯を簡単に紹介しよう。

原生代後期には、二つの大氷河時代が知られている。約七億三〇〇〇万〜七億年前のスターチアン氷河時代と約六億六五〇〇万〜六億三五〇〇万年前のマリノアン氷河時代である。これらの時代には、事実上、ほとんどすべての大陸地域に氷床が存在した証拠が知られている。したがって、当時は汎世界的な大氷河時代であったことが示唆される。

二〇世紀の半ば、英国ケンブリッジ大学のブライアン・ハーランド博士は、ノルウェー領スヴァールバル諸島のスピッツベルゲン島にみられる原生代後期の氷河堆積物を詳しく調べていた。スピッツベルゲン島というのは、グリーンランドの東側、北緯七八度という、北極圏のバレンツ海に浮かぶ島だ。こんな極寒の地にも町があり、人が住んでいるというのには驚かされる。博士は、スピッツベルゲン島にみられるものとおそらく同時代の氷河堆積物が世界中に分布していることに気がついた。彼は、当時の地球は史上最も厳しい氷河時代であり、地球表面のほとんどが氷に覆われていたのではないか、と考えた。

大変興味深いことに、その大氷河時代は、カンブリア紀における生物の大進化の直前で終わっているように思われた。カンブリア紀には、多細胞動物の爆発的な多様化が生じたことが知られている。彼は、多細胞動物の出現は原生代末の大氷河時代と関係していたのではないかと考えた。

そして、"The great infra-Cambrian ice age"（大規模なカンブリア紀直前の氷河時代）という論文を一九六四年に発表した。しかし、残念ながら、この仮説は学界にまったく受け入れられなかった。

汎世界的な氷河堆積物の分布は大変示唆的であるものの、前述のように、それが本当に氷河堆積物であることを証明するのはなかなか難しい。原生代後期の氷河堆積物といわれているものすべてが、本当に氷河堆積物である、という合意は必ずしも得られてはいなかったのだ。

ところで、当時の氷河堆積物の分布をみると、現在の赤道付近に位置するものもあることが分かる。しかしながら、これは必ずしも当時の赤道付近に氷河堆積物が形成されたということを意味しない。というのは、「大陸はプレートに乗って常に動いている」からである。この「プレートテクトニクス理論」は、古地磁気学の発展によって一九六〇年代に確立されたもので、原生代の氷河時代の議論にも大きな影響を与えた。プレートテクトニクス理論は、火山や地震の多い日本に住む私たちにとっては、知っておくべき基本的な知識でもある。

この理論は、ごく簡単にいえば、地球の表面が十数枚のプレートと呼ばれる厚さ一〇〇キロメートルほどの固い岩盤で構成されており、このプレートが地球内部で生じているマントル対流によって年間数センチメートルの速さで互いに運動し、プレートの境界において地震や火山の活動、造山運動（大山脈をつくるはたらき）などが生じる、というものだ。プレートは中央海嶺《かいれい》（海底に連なる火山列）でつくられ、海溝（沈み込み帯）で地球内部へと沈み込んでいる。

日本付近はプレートの沈み込み帯に位置しており、太平洋プレートやフィリピン海プレートが海溝において大陸プレートの下に沈み込んでいる。海洋プレートが沈み込む際の強い圧縮の力によって、地殻の破壊が頻繁に生じ、断層面に沿ったすべり運動が起こる。こうした地殻の破壊こそが、地震の発生にほかならない。海底で地殻の破壊が生じると、海底面の上下動にともなって海水面も上下し、津波が発生することもある。

また、海洋プレートが地球内部へ沈み込むと、高い温度・圧力条件になるため、海底堆積物や海洋地殻に含まれていた水がマントルにはき出される。はき出された水によって岩石の融解する温度が低下してマグマが発生し、沈み込み帯における火山活動が引き起こされる。このように、日本列島で地震や火山の活動が大変活発なのは、プレートテクトニクス理論によって理解することができるのだ。

ところで、プレートテクトニクス理論の成立には、古地磁気学が大きな役割を果たした。古地磁気学とは、すでに何度か言及しているが、簡単にいえば、岩石に記録されている磁化を調べることによって、過去の地球磁場の様子を明らかにする学問である。海洋域における地磁気異常の観測によって、海底に過去の地球磁場が記録されていることが発見された。しかも、それは正と逆の二方向が交互に繰り返されていることが明らかになった。海底に記録された地球磁場の正逆のパターンは、地球磁場の逆転を反映したものだと考えられる。

地球の磁場は、数十万年に一回くらいの頻度で向きが逆転することが知られている。S極とN極が現在とは入れ替わっていた時代があるのだ。といっても、磁石の針が指す北と南の向きが入れ替わっていただけで、それ以外については現在と何も違いはない。海底に記録された地球磁場の正逆のパターンは、こうした地球磁場の逆転現象が過去において頻繁に繰り返されてきたことを示している。この逆転パターンは中央海嶺を境に左右対称的に記録されていることも明らかになった。これらのことから、中央海嶺において新しい海洋プレートが生産され、それが左右に拡大していることがはっきりしたのである。

話が少し横道にそれたように思われるかも知れないが、実はそうではない。原生代後期の氷河堆積物は世界中に分布しているのであるから、当時は汎世界的な氷河時代であったことが示唆されていた。しかし、プレートは運動しているので、当時の大陸配置は現在とは大きく異なっていたはずである。極端な話、大陸が北極や南極付近に集まっていたとしたら、ほとんどすべての大陸上に氷河堆積物が分布していたとしても、何も不思議はないことになる。したがって、当時のその場所の緯度を推定することが必要だ。

海底にはプレートの形成時に地球磁場が記録されていると述べたが、これは溶岩が冷えて固まる際、磁鉄鉱《じてっこう》（マグネタイト）のような磁性鉱物が、そのときの地球磁場の方向を記録するからである。

それでは、古緯度に関する情報をどのようにして知ることができるのだろうか。いま磁石の指す方向ではなく、磁石が地面と成す角度（伏角《ふっかく》という）に注目してみよう。たとえば、磁極付近で磁石を使うと、磁石は磁力線に沿って真下ないし真上を向く。一方、赤道付近では、磁石は地面と水平になる。そのほかの場所では、磁石はそれぞれの緯度に応じた角度に傾く。たとえば、東京では磁石は四九度ほど下を向く（ただし、それでは不便なので、日本で使われる方位磁石はS極側を重くして針が水平になるようにつくられている）。そこで、岩石に記録されている伏角を正確に測定できれば、岩石が形成された当時のその場所の緯度を推定することができるわけである。

このような手法を用いて原生代後期の氷河堆積物に記録されている地球磁場の方向を測定してやれば、氷河堆積物が堆積した当時、その場所がどのような緯度にあったのかが分かる。そうした研究によって、原生代後期の氷河堆積物のうちのあるものは、古緯度が数度から十数度の場所で形成されたことが分かった。すなわち、当時の赤道域で形成された可能性が示されたのである。

もしこれが本当ならば大変なことだ。というのは、私たちが知っている通常の氷河時代においては、氷床は高緯度域に発達するのであって、赤道域に氷床が形成されるなどということはまったく考えられないからである。たとえば、前述のように、いまから約二万年前の最終氷期の最寒期においても、大陸氷床は北半球では現在のニューヨーク付近（緯度約四〇度）までしか拡大しなかったのである。これは難問だった。研究者のごく普通の反応は、その測定データは何かおかしいのではないか、というものである。つまり、そのような結果は信じられないということだ。

たとえば、古地磁気データの場合、測定自体は正しくても、得られた情報は岩石が形成されたときのものとは限らない。岩石の温度が後の時代に何らかの理由で上昇し、初期に記録された情報がリセットされてしまっている可能性があるからだ。そのような現象は、変成作用という地質学的プロセスによって、しばしば生じるものだ。とくに、何億年も前の古い岩石は、地下深くに埋没したり、プレート運動によって強い圧力を受けたりと、非常に複雑な履歴を持っているのが普通である。したがって、得られた情報が岩石の形成時に獲得されたものであることを証明する必要があるのだ。

そうはいっても、そのような証明は簡単ではない。このために、原生代後期の氷河堆積物に関する古地磁気学的な研究は、以前からいろいろなされてきたにもかかわらず、多くの人々を説得できるような決定的な議論には至らなかった。

一九八六年、オーストラリアのジョージ・ウィリアムズ博士とブライアン・エンブレトン博士は、南オーストラリアのエラティナ層と呼ばれる有名な原生代後期の氷河堆積物の古地磁気を測定した結果を論文として発表した。彼らは慎重に分析を行い、この場所の形成時の古緯度が五度、すなわちほぼ赤道直下であったことを示した。

この結果に疑問を抱いたカーシュビンク博士は、当時、まだ学部生だったドーン・サムナー博士(現在は米国カリフォルニア大学デイヴィス校の教授)と、この問題の古地磁気学的な検証を行うことにした。カーシュビンク博士は、氷河堆積物が赤道域で形成されたという主張を信じていなかった。きちんと検証すれば、それが誤りであることが証明できると考えていた。彼らは、エラティナ層から採取された岩石と、同じく低緯度で形成された氷河堆積物とされるカナダのラピタン層の岩石について、古地磁気を測定した。測定に用いた岩石試料は、ある特徴的な構造を持っていた。

堆積物は海底や湖底でほぼ水平に堆積する。そして、堆積する際、地球磁場の方向が記録されることになる〈図5上〉。ところが、堆積物がまだ柔らかい堆積直後の時期に、何らかの理由で横から力が加わって堆積物が押し曲げられた（褶曲《しゅうきょく》した）場合を考えてみよう。その際、記録されている地球磁場の方向はどうなってしまうだろうか。

堆積直後に褶曲した構造を持つ岩石の古地磁気を測定すると、記録されている地球磁場の方向は褶曲構造に沿って系統的に変化する、という結果が得られるだろう〈図5中〉。もともと同じ方向を向いていたものが曲げられてしまったのだから、当然である。

しかし、もし、ずっと後の時代に堆積物全体の温度が上がって、初期の残留磁化が消えてしまい、新たにそのときの地球磁場が記録されてしまったとしたらどうだろうか？　その場合、褶曲構造とは無関係に、どの場所を測定しても、記録されている地球磁場の方向は同一であるという結果が得られることになるだろう〈図5下〉。

つまり、堆積直後に褶曲した構造を持つような岩石試料を使えば、記録されている地球磁場が初生的なものか二次的なものかを判定することができるわけだ。このような方法を褶曲テストという。カーシュビンク博士らは、エラティィナ層とラピタン層の岩石試料に対して、この褶曲テストを試みた。その結果、ラピタン層の堆積残留磁化は二次的なものであることが分かった。ところが、である。エラティィナ層の堆積残留磁化は、間違いなく初生的なもの、ということが明らか

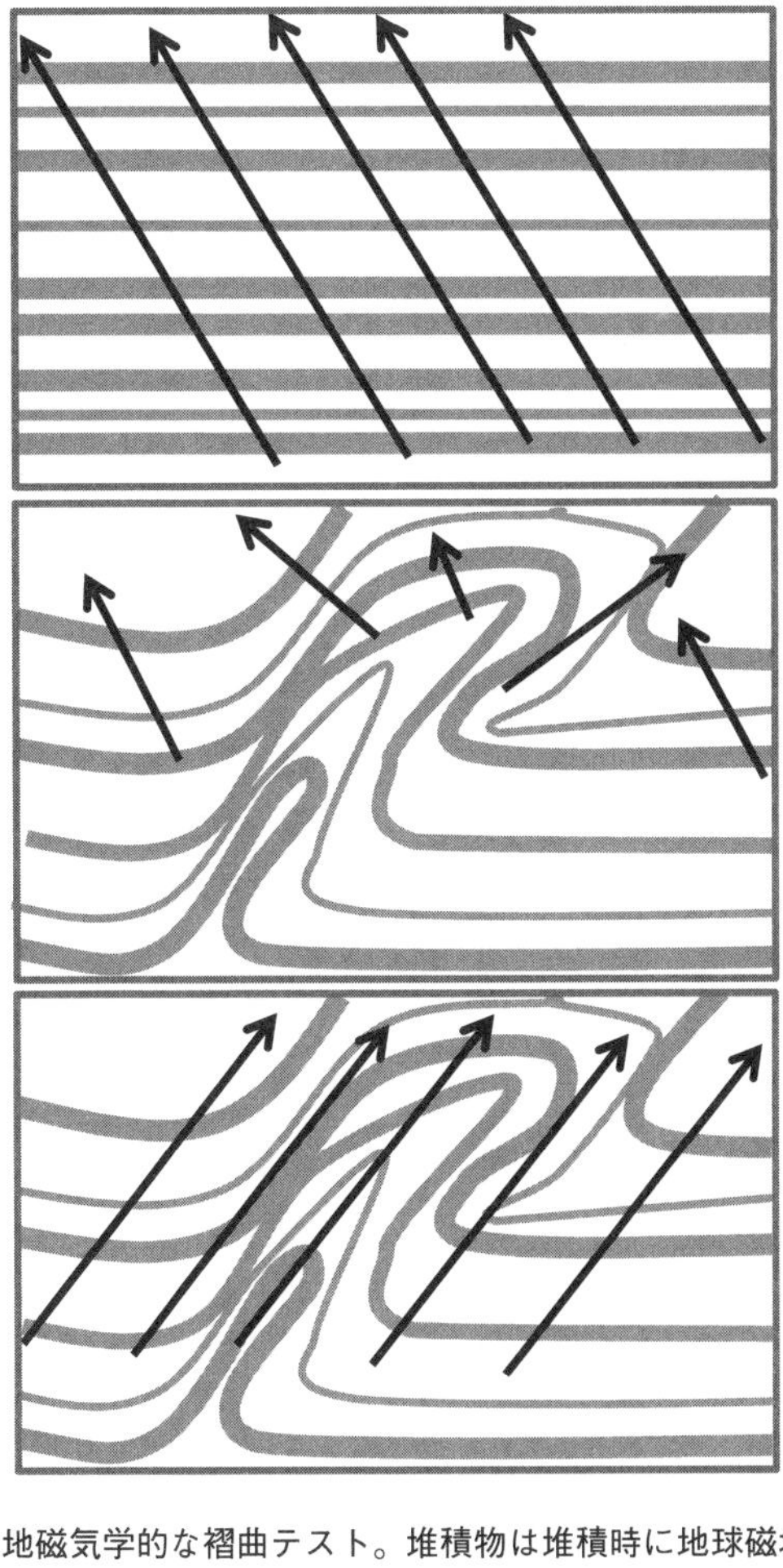

〈図５〉古地磁気学的な褶曲テスト。堆積物は堆積時に地球磁場の方向を記録する（上）。その後、地層が褶曲した場合、記録されている磁場の方向は構造に沿って系統的に変わる（中）。褶曲が起こった後に地層全体の温度が上がって初期の情報が失われると、二次的な情報が記録される。地層の構造に関係なく、記録される磁場の方向は同じになる（下）。

になったのだ！

一九八七年、この褶曲テストの結果を発表したカーシュビンク博士は、非常に複雑な心境だった。赤道域に大陸氷床が存在したという結果が間違いではないことを、自ら証明してしまったのだ。この結果を、いったいどう解釈したらよいのだろうか？

カーシュビンク博士によれば、「ある夜ベッドに横たわっていたら、突然、素晴らしいアイディアが浮かんだ」のだという。そのアイディアは、赤道域に大陸氷床が存在するという事実だけでなく、同時代の氷河堆積物の不思議な特徴も説明することができる、画期的なものだった。そのアイディアこそが、原生代後期の氷河時代には地球全体が凍結していたとする、スノーボールアース仮説だったのだ。

第二章　地球の気候はこう決まる

1　環境を決める三つの要素

スノーボールアース仮説について説明する前に、その前提となる地球環境の成り立ちとその安定性や変動性について理解しておいた方がよいだろう。それは、仮説が登場するまでの歴史的経緯を知ることでもあるからだ。

まず、そもそも地球環境がどのようにして成り立っているのかについて、考えてみたい。大気や海洋の運動、生命の活動などのエネルギーは、ほとんどすべて太陽からの放射エネルギーに起因するものだといってよい。太陽は宇宙空間に膨大なエネルギーを放射しており、太陽から約一億五〇〇〇万キロメートル離れた地球軌道においても、その量はなお十分大きい。地球軌道における単位面積あたりの太陽からのエネルギー流量（これを太陽定数という）は、約一三七〇ワットにもなる（一メートル四方に一〇〇ワットの電球を一四個ならべた様子を想像してみればよい）。

もう少し具体的に考えてみよう。太陽から地球に届くのは、光のエネルギーである。そのエネ

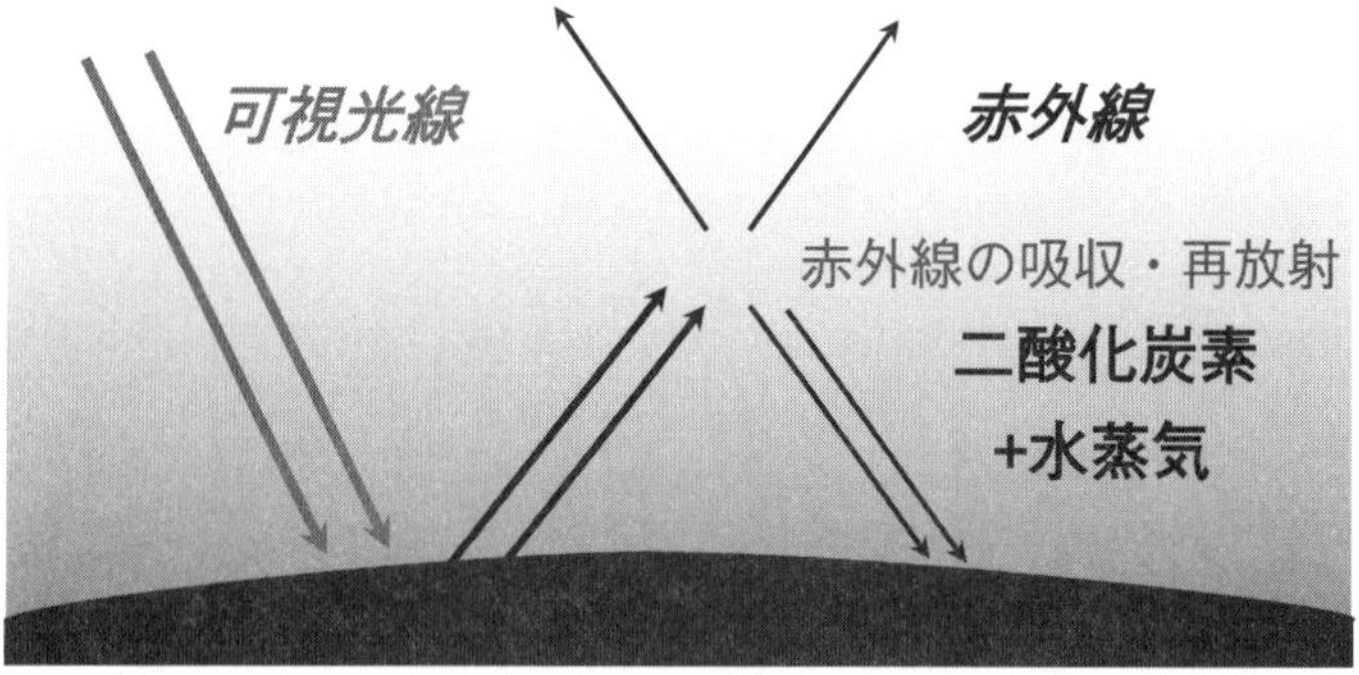

〈図6〉大気の温室効果。太陽からの可視光線は大気をそのまま通過し、暖められた地面からは赤外線が放出される。大気中に二酸化炭素や水蒸気などの気体が存在すると、赤外線は吸収され、宇宙空間に熱が逃げにくくなる。

ルギーの大部分は可視光の波長領域にあり、地球の大気を素通りして直接地面を暖める。ただし、その際、雲や地表面で光が反射・散乱されるため、実際に地球が受け取ることのできる太陽エネルギーは、全体の約七〇パーセントである。この地球全体の反射率のことを、「惑星アルベド」という。地球の場合、太陽放射の約三〇パーセントが反射されるので、惑星アルベドは〇・三ということになる。

さて、暖められた地表は熱放射、すなわち赤外線を放射する。赤外線は目では見ることのできない波長領域だが、大気中の特定の分子によって吸収を受ける。特定の分子とは、たとえば二酸化炭素分子などのことだ。二酸化炭素分子は、赤外線の一部を吸収することでエネルギーレベルの高い不安定な状態になる。その結果、安定な状態に戻るために、吸収したエネルギーを赤外線として再放射する。このとき、エネルギーは四方八方に放出されるため、半分は地表に向かって戻ってくる。これによって、地表は再加熱されることになる。こうしたプロセスが繰り返される結果、地表温度は上昇する。これが大気の温室効果である〈図6〉。

大気の温室効果は、二酸化炭素だけでなく、メタンや水蒸気などによっても生じる。もし地球の大気中に温室効果気体がまったく存在しなかった場合、地球表面の温度はマイナス一八度になる。この温度のことを、「有効温度」と呼ぶ。実際の地球表面全体の年間の平気温度は摂氏一五度だ。つまり、有効温度との差三三度分が大気の温室効果によるもの、ということになる。

ただし、実際には、地表温度が氷点下になれば、地表は氷で覆われるはずである。氷の反射率は高いために惑星アルベドが増加し、地表面温度はマイナス一八度よりもさらに低くなる。それが、まさに全球凍結状態である。

現在、人類活動によって大気中に大量の二酸化炭素が放出されており、地球温暖化が進むことが懸念されている。しかし、今述べた通り、地球はそもそも二酸化炭素や水蒸気の温室効果のおかげで温暖な環境になっているといえる。もし二酸化炭素がまったくなければ、地球は氷点下の世界になってしまうのだ。

こうしてみると、基本的に地球の環境は、「太陽からのエネルギー」「惑星アルベド」「大気の温室効果」という三つの要素によって成立しているといえる。そして、これら三つの要素の絶妙な組み合わせによって、現在のような温暖湿潤な環境が形成されているのである。

地球だけでなく、ほかの惑星の環境も、同じ原理によって成立している。たとえば、明けの明星または宵の明星として知られる金星は、地球のひとつ内側の軌道を回っている。太陽からの距離は約一億一〇〇〇万キロメートルであり、太陽・地球間の距離の〇・七二倍に相当する。その分、金星は太陽から大きなエネルギーを受け取ることになる。金星軌道上における太陽放射エネルギーの大きさは、一平方メートルあたり二六四三ワットにもなる。

ところが、金星大気は分厚い硫酸の雲で覆われているため、太陽からのエネルギーの大部分は地表に届かない。金星の写真を見たことがあれば分かると思うが、全体が雲で覆われていて、地表面は見えないはずである。「金星全体の地表面の画像を見たことがある」という人がいるかも知れないが、あれは電波で調べたものである。電波ならば雲があっても地面まで届くからである。

金星表面に届く太陽光は、大気上端での量の二三パーセント程度で、残りの七七パーセントは宇宙空間へ反射されてしまう。つまり、金星の惑星アルベドは〇・七七ということになる。この結果、金星は地球よりもずっと太陽に近いにもかかわらず、有効温度は、なんと地球よりも低いマイナス四六度となっている。実際の金星表面は非常に高温である。それは、金星は九五気圧にもおよぶ二酸化炭素が主成分の大気を持っているため、温室効果がきわめて強いからである。金星の地表温度は摂氏四六四度にも達しており、液体の水は存在できない。

一方、地球のひとつ外側の軌道を回っている火星は、太陽からの距離が約二億三〇〇〇万キロメートルであり、太陽・地球間の距離の一・五二倍に相当する。したがって、火星軌道上における太陽からのエネルギーは小さく、一平方メートルあたり五九三ワットしか届かない。火星の惑星アルベドは〇・一五、有効温度はマイナス五六度である。実際の地表温度は、緯度や季節によって大きく異なるものの、平均するとマイナス五三度で、有効温度とほとんど同じである。火星の大気も金星同様ほとんど二酸化炭素からなるが、その量は〇・〇〇六気圧しかないので、温室効果はきわめて弱いのだ。

2　一気に凍り、一気に融ける

スノーボールアースの議論をよく理解するために、地球の気候の成り立ちについて、もう少し考えてみたい。

気候状態を決める三つの要素として、太陽からのエネルギー、惑星アルベド、大気の温室効果が重要だと述べた。そこでいま、太陽からのエネルギーが現在よりも大きくなった場合にどうなるか考えてみよう。

もし惑星アルベドや大気の組成が変わらなかったとしたら、太陽からのエネルギーの増加によって地球が受け取るエネルギーは増えるので、温暖化が生じるだろう。温暖化が進めば、南極やグリーンランドの氷床は、やがて全部融けてなくなってしまうことが予想される。その結果、地球はその表面に氷床がまったく存在しない「無凍結状態」になるだろう。これが温暖化の進んだ地球の姿である。

前述のように、いまから約一億年前の白亜紀中頃は非常に温暖で、北極や南極などの極域にも氷床はまったく存在しなかった。つまり、当時の地球は無凍結状態にあったわけである。といっても、当時は、太陽からの放射エネルギーが現在よりも大きかったわけではなく、実は二酸化炭素の温室効果が強かったのだが、それについては後述する。

それでは、逆に、太陽からのエネルギーが現在よりも小さくなったらどうなるだろうか。地球が受け取るエネルギーが減るわけだから、地球は寒冷化するだろう。寒冷化が進めば、氷床は拡大することが予想される。その結果、ついには地球全体が氷に覆われる、「全球凍結状態」になるだろう。これは寒冷化が極端に進んだ地球の姿である。

現在の地球の気候状態は、両者の中間的な姿であり、ある緯度まで氷床が拡大していることから、「部分凍結状態」と呼ばれる。現在の地球は温暖であるように思われるかも知れないが、無凍結状態と比べれば明らかに寒冷なのである。

こうした、地球の気候システムが取り得る挙動を、「エネルギーバランス気候モデル」を使って調べてみよう。このモデルを使うと、地球が受け取る正味の太陽放射と地球が放出する惑星放射の収支から、地球が取り得る気候状態を調べることができる。

地球が受け取る正味の太陽放射は、大気の上端における太陽放射から雲や地表面で反射される分を除いたものである。太陽放射を受け取ることができるのは、もちろん、地球の太陽へ向いた

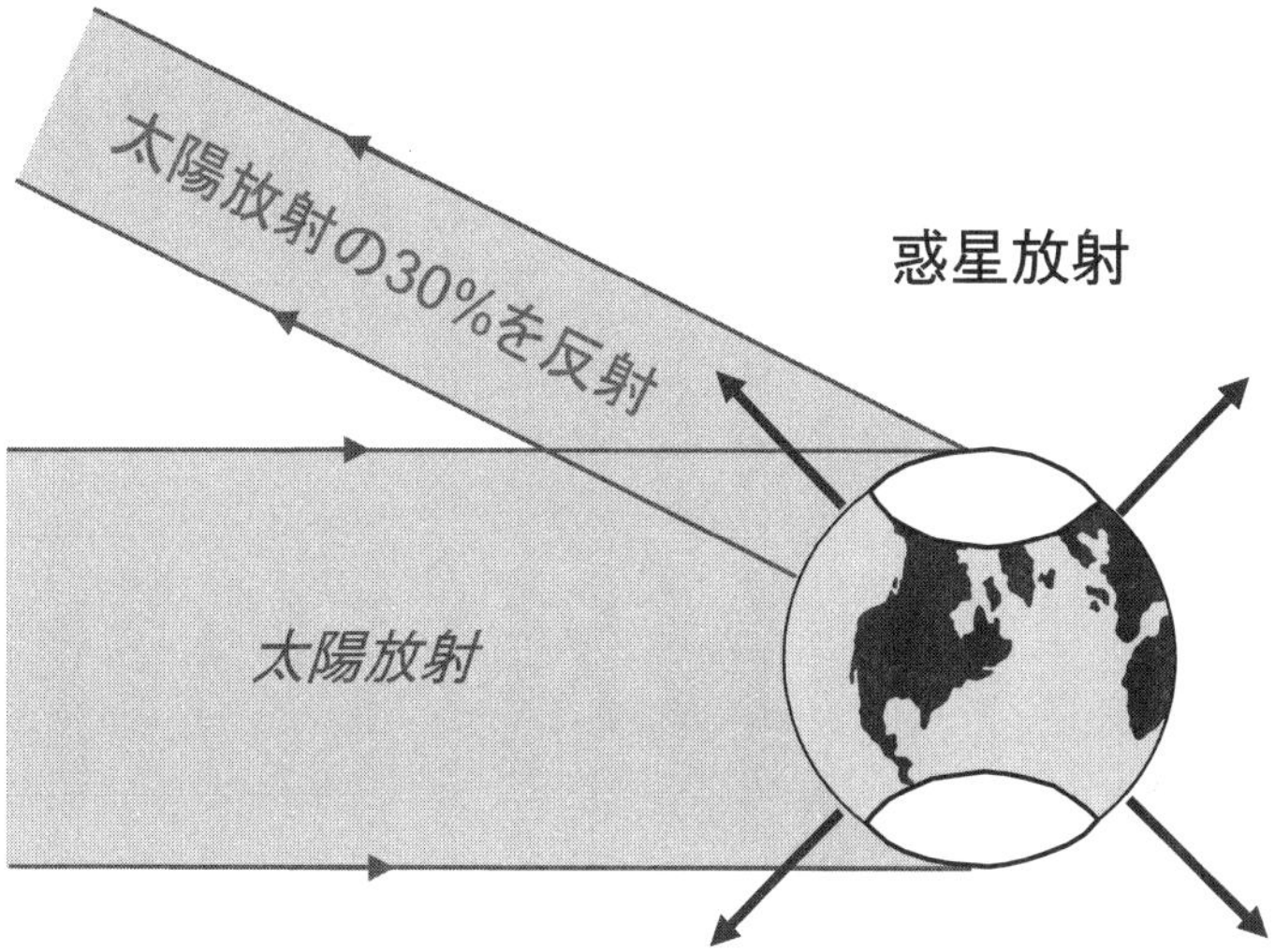

〈図７〉地球のエネルギーバランス。地球が受け取る太陽放射のエネルギーは、雲や雪氷などで反射される割合を除いたもの。この正味の太陽放射エネルギーは、地球全体が放出する惑星放射とバランスする。

側だけである〈図７〉。

これに対し、惑星放射は地球の表面全体から放出される。惑星放射とは、太陽放射によって暖められた地面や大気から放出される熱放射（赤外線）のことである。惑星放射の大きさは惑星表層の温度に依存する。温度が高ければ惑星放射は大きく、温度が低ければ惑星放射は小さい。

惑星放射が温度に依存することから、次のような性質が生じる。もし地球が受け取る正味の太陽放射よりも地球が出す惑星放射の方が大きければ、エネルギーの出入りが正味で負になるので、地球表層のエネルギーが失われ、地表温度が低下する。しかし、それによって惑星放射も小さくなるため、やがてエネルギーの出入りがバランスするようになるはずだ。逆に、もし正味の太陽放射よりも惑星放射の方が小さければ、地球表層のエネルギーが増加するので、地表温度も上昇する。それによって惑星放射も大きくなるので、やはりエネルギーの出入りがバランスするようになるはずである。このように、惑星放射が温度に対する依存性を持つため、正味の太陽放射と惑星放射とのエネルギーはバランスし、その結果として地球表層の気候状態が決まる。

一方、赤道は温度が高く、極は温度が低いので、赤道から極へ熱が輸送される。また、気温が氷点下の場所には氷が張っていると考える。氷は白いので、他の場所よりも高い惑星アルベドを持つ。このため、氷で覆われた面積が広くなると、地球の惑星アルベドも大きくなり、地球が受け取る正味の太陽放射は小さくなる。

このモデルから得られる、地球の平均的な気候状態を求めた結果が〈図8〉である。横軸には太陽定数（現在＝1とする）、縦軸には雪線の緯度を取る。ここで、太陽定数というのは、地球軌道上で大気上端に達する単位面積あたりの太陽放射のエネルギー流量のことである。また、雪線の緯度というのは、雪氷圏（氷床や海氷）が極を中心に低緯度側へ拡大すると仮定した場合の、その末端の緯度のことである。つまり、雪線よりも高緯度側はすべて氷に覆われており、低緯度側には氷がない。

この図から、大変興味深いことが分かる。

まず、地球の気候には、先ほど述べたような三つの安定状態（実線）が存在する。すなわち、

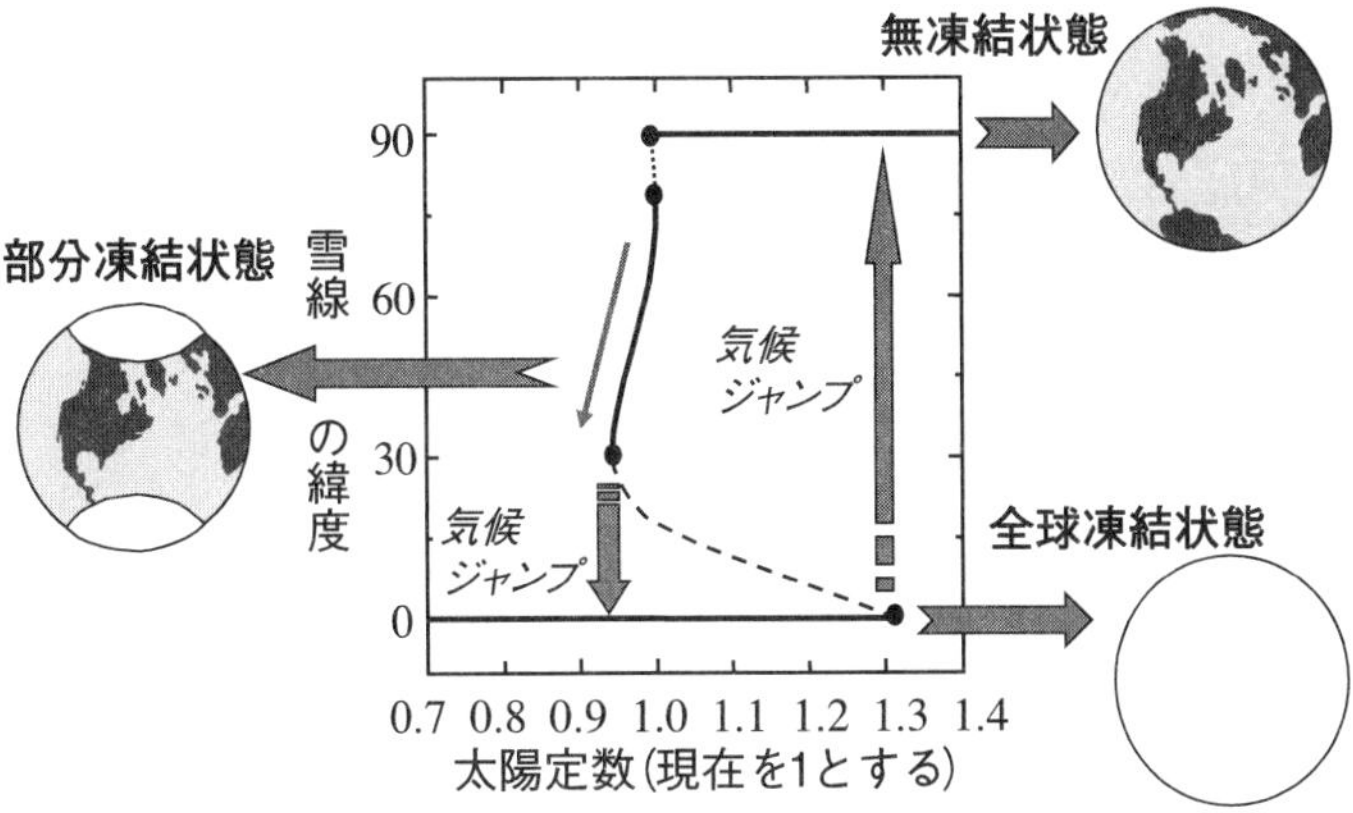

〈図８〉地球が取り得る気候状態。実線はエネルギーバランス気候モデルから得られた安定解、破線は不安定解、黒丸は安定解がなくなる臨界点。地球の安定な気候状態には、無凍結状態、部分凍結状態、全球凍結状態の３種類がある。

無凍結状態（雪線の緯度＝九〇度）、部分凍結状態（雪線の緯度＝約八〇〜約三〇度）、全球凍結状態（雪線の緯度＝〇度）である。安定状態と安定状態の間には不安定状態（破線で表されたもので、実際には実現されない気候状態）が存在する。

次に、たとえば太陽定数が現在の一・四倍のところをみてみよう。その条件における安定な気候状態は、無凍結状態だけである。逆に、たとえば太陽定数が現在の〇・八倍の条件で安定な気候状態は、全球凍結状態だけである。

ところが、たとえば太陽定数が現在の一・二倍のところをみると、無凍結状態と全球凍結状態の両方とも安定であることがわかる。同様に、太陽定数が現在値（＝１）付近では、無凍結状態、部分凍結状態、全球凍結状態のいずれもが安定である。つまり、まったく同じ太陽定数に対して、複数の安定な気候状態が存在するということだ。これはいったいどういうことなのだろうか？

実は、無凍結状態と全球凍結状態とでは、地球の惑星アルベドが大きく異なっている。無凍結状態では、地面や海面によって太陽光が反射される割合は小さい。しかし、全球凍結状態では、地球全体が氷に覆われて真っ白になり、太陽光をよく反射する。したがって、太陽定数は同じでも、実際に地球が受け取る正味の日射量は両者で大きく異なっているのだ。

ただし、実際に地球が全球凍結状態に陥るためには、たとえば太陽定数の低下が必要だ。太陽定数が低下すれば、地球が受け取るエネルギーも低下するので、地球は寒冷化する。寒冷化によって雪氷圏が拡大するので、気候状態は〈図8〉の実線に沿って、より低緯度側へと移動する。すると、雪線が三〇度くらいのところで、部分凍結状態がなくなってしまう。これ以上太陽定数が低下すると、安定解は全球凍結状態だけになる。気候システムは、突然、不安定になり、雪氷圏は赤道まで一気に拡大して、地球は全球凍結状態に陥る。これは「大氷冠不安定」と呼ばれるもので、その結果生じる部分凍結状態から全球凍結状態への遷移を「気候ジャンプ」という。なぜこのような不安定現象が生じるのだろう？

寒冷化によって雪氷圏が拡大すると、地球の惑星アルベドは増加する。その結果、地球が受け取る太陽からのエネルギーは低下し、地球はますます寒冷化する。すると、雪氷圏はさらに拡大し、惑星アルベドもさらに増加して、寒冷化がますます加速する。

このように、ある原因が引き起こした結果が、その原因をさらに強めるようにはたらく作用のことを、一般に「正のフィードバック効果」と呼ぶ。正のフィードバック効果は、システムを暴走させるはたらきをする。いまの場合、寒冷化がさらなる寒冷化を引き起こす。そこで、このフィードバックは、「アイスアルベド・フィードバック」と呼ばれている。

大陸氷床が緯度三〇度くらい、現在でいえばエジプトのカイロあたりまで拡大すると、アイスアルベド・フィードバックが強くはたらくようになり、地球は、突然、赤道まで一気に雪氷で覆われてしまう。いったん地球が全球凍結状態に陥ると、その状態からはそう簡単に抜け出すことができない。全球凍結状態から抜け出すためには、太陽定数が現在の約一・三倍以上になる必要があるのだ。そうすれば、全球凍結状態そのものがもはや存在しなくなるからだ〈図8〉。太陽定数がそれ以上増えれば、安定解は無凍結状態だけである。したがって、ふたたび気候ジャンプが生じて、氷は赤道から極まで一気に融け、地球は無凍結状態へ移行する。このように、気候システムには解の多重性があるものの、実際にどの気候状態が実現するかということは、過去にたどってきた気候の履歴が決めているといえる。

3　太陽は少しずつ明るくなっている

ここでひとつ大きな問題が生じる。気候を支配する要因として、太陽からのエネルギーの大きさが重要であった。ところが、過去において、太陽はいまよりも暗かったというのである。

太陽は恒星のひとつである。恒星とは、その中心部で核融合反応が生じて、自らエネルギーを生み出し、光り輝いている天体のことだ。主系列星とも呼ばれる。天体内部で核融合反応が生じるという点において、地球のような惑星とは本質的に異なる。核融合反応とは、たとえば水素からヘリウムを作り出す反応のことで、恒星の中心部のような高温高圧条件が必要だ。水素四つから複雑な連鎖反応を経てヘリウムがひとつ生成される。そのとき、膨大なエネルギーが発生する。このために恒星は自ら光り輝くことができる。

人類も、化石燃料に変わるエネルギー問題解決の切り札として、地上において核融合反応を実現しようと努力しているが、その道のりはまだ遠そうである。実のところ、天体内部で核融合反応を生じさせるのも、それほど簡単なことではない。核融合反応が生じるためには、粒子同士がある距離以内に接近しなければならない。しかし、原子核同士の反発力のために、接近させることは困難なのだ。核融合させるためには、非常に高い温度・圧力条件が必要になる。それには天体の質量が大きくなければならない。

核融合反応は地球質量程度の天体の内部ではまったく生じない。木星は、地球質量の三一八倍もある太陽系最大の惑星であるが、それでも核融合反応を起こすことは無理である。天体内部で核融合反応が生じるためには、天体の質量が太陽質量の〇・〇八倍よりも大きくなければならないのだ。木星質量は、太陽質量の〇・〇〇一倍弱しかなく、核融合が生じる条件にはほど遠い。

ところで、こうした核融合反応によって、水素が燃えてヘリウムが生じるため、星の中心部では時間の経過とともにだんだんと重い物質が増えていくことになる。つまり、星の中心部の平均分子量が大きくなっていく。この結果、中心部の密度と温度は時間とともに上昇し、核融合反応がますます起こりやすくなっていく。その結果、恒星は時間とともに加速度的に明るくなっていくのである。

太陽進化の標準モデルによれば、いまから約四六億年前の、誕生したばかりの太陽の明るさは、現在の七〇パーセント程度であると推定される。太陽は時間とともに徐々に明るさを増しており、現在でも一億年で一パーセント程度の割合で明るくなっているのだ。

こうした恒星進化論と呼ばれる理論体系が、すでに二〇世紀前半には確立されていた。しかし、太陽の進化は地球の気候の歴史に影響を与えたはずだ、という研究はなかなかなかった。恒星進化論は天文学における一分野であり、地球の気候の歴史を研究する地質学との間には、学問的な高い壁が存在していたからだ。

この壁を軽々と乗り越えたのは、カール・セーガン博士だった。博士は米国コーネル大学教授で、同大学の惑星科学研究所の所長を務め、NASAの惑星探査に指導的な役割を果たすかたわら、自然科学の啓蒙普及活動を精力的に行った先駆的な天文学者である。『コスモス』という、おそらく世界初の宇宙もののTVドキュメンタリーシリーズは、日本でも一九八〇年にテレビ放送され、大きな話題となった。その後も、『核の冬』『惑星へ』の他、ロバート・ゼメキス監督、ジョディ・フォスター主演で一九九七年に映画化もされた『コンタクト』など、著作を次々発表し続けたが、九六年に惜しくも六二歳の若さで亡くなった。二〇世紀後半に活躍した最も著名な科学者のひとりといっていい。博士のすごいところは、太陽の進化と地球の気候進化とを結びつけるという、簡単そうにみえて、なかなか凡人にはできない発想を持っていたことだ。いまならばそのような研究も盛んだが、一九七二年のことである。そして、この研究からとても重要な結論が導き出されることになる。

地球の大気組成が地球史を通じて変わらなかったと仮定しよう。過去にさかのぼるほど太陽は暗かったわけだから、地球の気候も過去にさかのぼるほど寒冷だったはずである。実際にそのような計算をしてみると、いまから約二〇億年前よりも以前の地球の平均温度は氷点下となり、地球は全球凍結していたはずである、という結果が得られる。

ここで、前述のエネルギーバランス気候モデルの結果を思い出してみよう〈図8〉。地球や太陽が誕生した約四六億年前の日射量が現在の七〇パーセントしかなければ、安定な気候は全球凍結状態しかない。その条件から出発して太陽の明るさが時間とともにだんだん明るくなったとする。ところが、たとえ現在の明るさになったとしても、地球は全球凍結状態から抜け出すことはできない。これは明らかに事実に反する。

たとえば、現在の深海底で形成されている堆積物とほとんど変わらないものが、地球史を通じて形成されていたという証拠が地層に残っている。その最も古い証拠は、いまから約三八億年も前のものである。グリーンランド西岸のイスアという場所には、地球最古の堆積岩が分布しており、地球史初期にも現在と同じ規模の海洋が存在していたことが示唆される。これは、少なくとも地球史前半は海洋が凍結していたという上述の結論とは明らかに矛盾する。深海堆積物が形成されている証拠は、その後の時代にも普遍的にみられ、地球は誕生時からずっと全球凍結していたという結論とは相容れない。

この矛盾を称して、「暗い太陽のパラドックス」という。矛盾の原因は、この議論の前提とした、「地球の大気組成が地球史を通じて変わらなかったら」という仮定にある。もし「地球の大気組成が地球史を通じて変わった」としたら、この矛盾を解決することができるからだ。つまり、過去にさかのぼるほど大気中の温室効果気体の量が多かったとすれば、太陽が過去にさかのぼるほど暗かったとしても、大気の温室効果によってその影響を相殺することができる。

このことは、とりもなおさず、地球史を通じて大気組成が変化してきたことを意味する。地球史を通じた大気組成の変化のことを、「大気の進化」と呼ぶ。暗い太陽のパラドックスは、地球大気は進化してきたということを論理的に帰結するという点において、きわめて重要なのだ。

太陽が暗かった時代に、地球の気候を支えていた温室効果気体にはいくつかの候補があるが、最も可能性が高いと考えられているのは二酸化炭素である。二酸化炭素は、現在の大気中にはだいたい三〇〇ppm程度であるが（実際には、人類活動によって年々増加してもっと高い濃度になっているが、産業革命以前の大気中には約一万年間にわたって二八〇ppmで安定していたことが分かっている）、この数百倍の二酸化炭素が大気中に存在すれば、太陽が暗い条件下でも地球の気候を温暖な状態に保つことができる。

そのような大量の二酸化炭素がいったいどこに存在するのか、という疑問が湧くかも知れない。実は、地表の堆積岩中には、二酸化炭素に換算すると最大でなんと九〇気圧にも相当する炭素が、炭酸塩岩（石灰岩など）や有機炭素という形で存在しているのである。現在の地球大気は一気圧であるから、その九〇倍もの量である。これらは、もともと大気や海水中に存在していた二酸化炭素が、生物的あるいは非生物的な作用によって、炭酸塩鉱物や有機炭素として固定されたものである。二酸化炭素が九〇気圧といえば、金星の大気とほとんど同じである。地球も金星も同じような材料物質から同じようなプロセスを経て形成された惑星だとするならば、もともとの大気組成が似ていたとしても不思議はない。

ついでにいえば、現在の地球大気の主成分のひとつである酸素は、生物の光合成によって生成されたものだから、初期の大気中には含まれていなかったはずである。それが、いまや二一パーセントを占めるまでになったわけである。これも大気組成の大きな変化のひとつである。

このように、地球大気は進化してきた、すなわち、大気組成は時間とともに大きく変貌を遂げてきた、ということになる。このような認識はとても重要である。「万物は流転する」という古代ギリシアの哲学者ヘラクレイトスの言葉は、宇宙の真理である。この自然界に一定不変なものは存在しない。現在とは過去から未来へと向かう時間軸の一断面にすぎないのであって、あらゆる事象は、これまでも、そしてこれからも変化し続けるのである。

4　地球環境はなぜ安定しているのか

ところで、過去において地球が全球凍結したという証拠も、逆に海水が全部蒸発したという証拠も存在しないとすれば、地球環境は地球史の大部分を通じて温暖湿潤だったということになる。実際、地球が温暖湿潤な環境を保ち続けてきたと考える根拠として、深海堆積物がほぼ連続的に形成されていること（つまり海洋が存在し続けてきたこと）、生命が存在し続けてきたことなどが挙げられる。

それでは、地球の環境は、どうやってそんなに長期間にわたって安定していられたのだろうか？　これは、非常に深遠な問いである。なぜならば、この問いは、地球上になぜ生命が誕生し、長い時間をかけて進化し、現在私たちがここにこうして存在しているのか、という問いにつながるからである。

過去の太陽は暗かった、というだけではない。地球環境に大きな影響を及ぼす要因はほかにもたくさんあり、それらは地球史を通じて大きく変動してきたと考えられる。

たとえば、火山活動は現在より激しかった時期もあれば、弱かった時期もあっただろう。大陸は地球史を通じて成長し、集まって超大陸になったり、ばらばらに分裂したり、ということを繰り返してきた。生命が誕生し、地球全体にその活動の場を広げ、さまざまに進化してきたことも、地球環境に大きな影響を及ぼしてきたと考えられている。それなのに、地球は長期間にわたって、どうやって温暖湿潤な環境を維持することができたのだろうか。

地球史初期において、現在の数百倍もの二酸化炭素が大気中に存在したとすれば、その温室効果によって暗い太陽の条件下でも地球を温暖な環境に保てることはすでに述べた。けれども、どうしたら大気中の二酸化炭素濃度をそんな高い値に調節することができたのだろうか。大気中の二酸化炭素濃度は、太陽が時間とともにだんだん明るくなる影響をうまい具合に相殺するように下がってきたのだろうか。それはあまりに都合が良すぎる話ではないか。太陽光度の増加によって地球の温暖化が進み、金星のような灼熱の環境になってしまった可能性もあるのではないだろうか。疑問はたくさん浮かんでくる。

このような問題を考えるためには、そもそも大気中の二酸化炭素濃度がどのように決まっているのか、ということを知らなければ始まらない。大気中の二酸化炭素濃度は、「炭素循環」によって調節されている。炭素循環というのは、一般には「物質循環」とよばれる、地球に特有な元素の挙動のことだ。炭素はさまざまなプロセスによって、その化学的な形態を変化させながら地球上を循環している。地球温暖化問題でも、炭素循環の挙動が重要な鍵を握っている。

地球温暖化問題は、数十年スケールの変化に焦点があてられているので、人類活動によって大気中へ放出された二酸化炭素が、海洋に吸収されたり、陸上や海洋の生物の光合成によって固定されたり、といったプロセスが重要となる。これらはみな、速い速度で炭素をやり取りするプロセスだ。このような比較的短い時間スケールでの炭素循環においては、大気と海洋と生物圏との間での炭素の分配が主要な問題となる。しかし、数百万年よりも長いような、いわゆる地質学的時間スケールでの変化に焦点をあてる場合には、同じ炭素循環といっても、火山活動や大陸の風化作用、海底堆積物の形成など、大気や海洋と固体地球との相互作用が重要となってくる。

たとえば、火山活動が生じると、二酸化炭素が火山ガスとして大気中に供給される〈図9〉。二酸化炭素は、水に溶けて炭酸になる。炭酸は、炭酸飲料として普段から口にしているので、なじみがあるだろう。実は、大気中の二酸化炭素が水に溶ける結果、雨水や地下水、海水などにも炭酸が含まれている。炭酸は弱い酸だが、長い時間をかければ地表の岩石を構成する鉱物を徐々に溶かしていく。これを化学的風化作用（以下、風化作用）と呼ぶ。

風化作用によって鉱物から溶け出たカルシウムなどの陽イオンは、河川を通じて海洋に運ばれる。海洋においては、炭酸イオンとカルシウムイオンとが反応して、炭酸カルシウムと呼ばれる鉱物が沈澱する。炭酸カルシウムというのは、一般には炭酸塩と総称される非常にありふれた鉱物である。石灰岩も炭酸塩からなる。石灰岩が熱変成を受けたものが大理石である。

この反応には、現在ではほとんどの場合、生物が関与している。石灰質の殻をつくる植物プランクトンである円石藻《えんせきそう》（ココリス）や動物プランクトンである有孔虫《ゆうこうちゆう》、翼足《よくそく》類などがそうだ。貝殻やサンゴ礁なども炭酸塩鉱物でできている。円石藻や有孔虫は、死んだ後、海の中を沈降して海底に堆積する。大気中の二酸化炭素は、風化作用と炭酸塩鉱物の沈殿を通じて固定されていくのである。

大気中の二酸化炭素のもうひとつの消費プロセスは、生物の光合成である〈図9〉。陸上植物や植物プランクトンなどの光合成生物は、二酸化炭素と水から有機炭素（有機化合物、有機物ともいう）を生合成する。私たち生物のからだは、基本的に有機炭素からできている。タンパク質や炭水化物、脂肪なども、みな有機炭素のなかまだ。

有機炭素は、還元的な物質なので、周囲に酸素があると、酸素と結合して酸化分解されやすい。食べ物を長時間放置しておくと、だんだん腐敗していくが、これはようするに酸化されているのだ。死んで代謝活動が停止した生物のからだも、同様である。たとえば、海の表層では植物プランクトンが活発に光合成を行う。しかし、プランクトンが死ぬと、その死骸は海洋の内部を沈降し、海底に到達する前に九九パーセント以上が酸化分解されて二酸化炭素と水に戻ってしまう。ただし、ごく一部（一パーセント以下）は分解されずに海底に堆積する。海底に堆積した後も、堆積物の間隙を占める海水中の酸素などと反応して酸化分解を受ける。しかし、十分深く埋没すると酸素などから完全に隔離され、それ以上の酸化分解を免れる。これが、正味での二酸化炭素の固定プロセスになっている。

これらの堆積物は、それをのせた海洋プレートとともに大陸の下に沈み込み、高い温度・圧力条件のもとで分解され、ふたたび二酸化炭素となる。この二酸化炭素は、沈み込み帯の火山活動

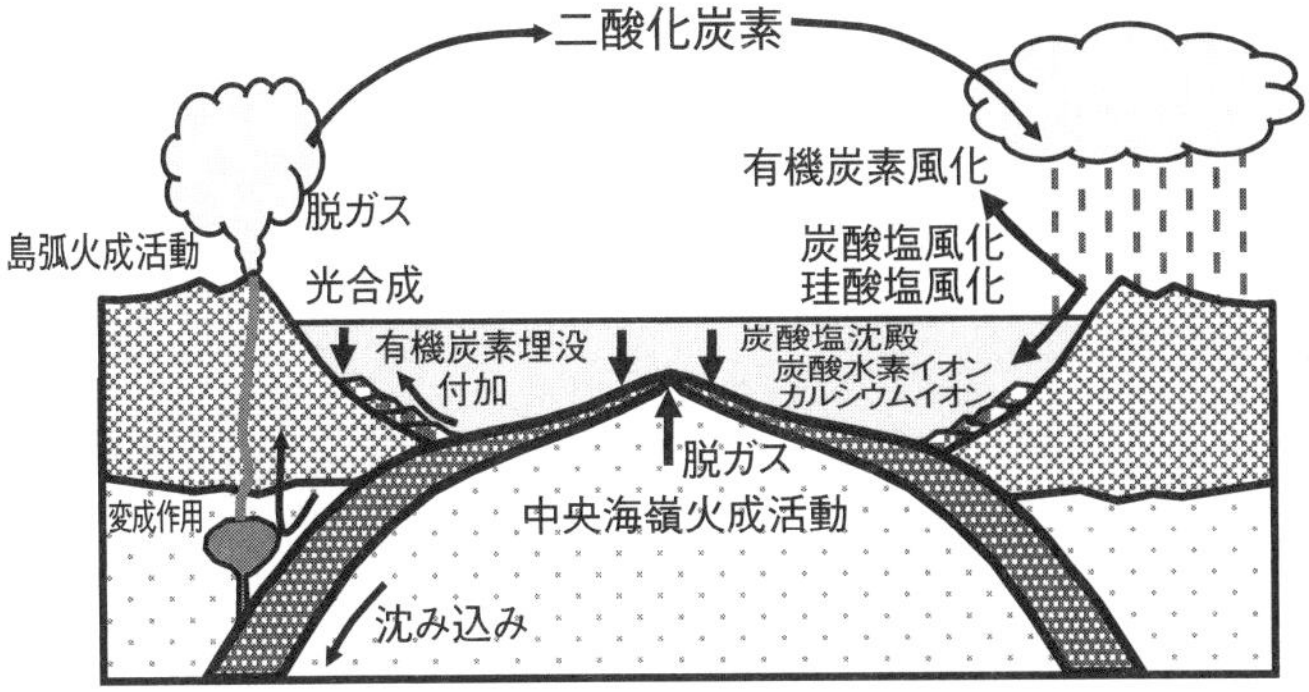

〈図９〉長期的な炭素循環の概念図。火山活動から大気中に放出された二酸化炭素は、地表面の化学的風化作用によって海に運ばれ、炭酸塩鉱物として沈殿することによって消費される。また、生物の光合成によって生成された有機炭素が堆積物に埋没することによっても、二酸化炭素は消費される。

によってふたたび大気中に放出される〈図9〉。日本列島などのプレートの沈み込み帯における火山活動によって放出されている二酸化炭素の九〇パーセントは、もともと海底堆積物中に存在していた炭酸塩鉱物や有機炭素のリサイクルだという推定もある。

炭素は、このようにして地球上を循環しているのだ。それでは、こうした炭素循環によって、大気中の二酸化炭素濃度はどのように決まっているのだろうか。たとえば、現在の二酸化炭素濃度は、何か特別な理由があって三〇〇ｐｐｍ程度になっているのだろうか。もしたまたまそうなっているだけなのだとしたら、二酸化炭素濃度は、三〇〇〇ｐｐｍでもおかしくないし、三〇ｐｐｍでもいい、ということなのだろうか。

もしそうならば、地球環境は非常に高温になったり低温になったり、ひどく不安定だといわざるを得ない。現在の二酸化炭素濃度が三〇〇ｐｐｍであることに必然性があるのだとしたら、それはいったいどうしてなのだろうか。

この問題に解答を与えたのが、米国ミシガン大学のジェイムズ・ウォーカー博士である。彼は、いま述べたような炭素循環のプロセスの中で、とくに「風化作用」に注目した。風化作用というのは、炭酸が鉱物を溶解するという化学反応であった。化学反応には温度依存性がある。つまり、温度が高いほど反応は進みやすく、温度が低いほど反応は進みにくい、という性質である。

そこで、いま平衡状態にある地球の気候システムに突然擾乱《じょうらん》（小さな乱れによる平衡状態からのズレ）が生じて平均気温が上昇したら、いったい何が起こるかについて考えてみよう。平均気温が上昇することによって、地球全体の風化反応が促進され、二酸化炭素が炭酸塩鉱物として固定される、というプロセスが促進されることになる。すると、大気中の二酸化炭素濃度は低下し、大気の温室効果も低下して、地球の平均気温は下がることになる。

逆に、擾乱によって地球の平均気温が突然低下したらどうなるだろうか？　地球全体の風化反応が抑制され、二酸化炭素の消費も低下するだろう。しかし、火山活動は気候状態とは無関係に生じるから、二酸化炭素を供給し続ける。すると、二酸化炭素の消費よりも供給がまさることになるので、大気中の二酸化炭素は増加し、温室効果も増加し、地球の平均気温は上昇するであろう。これは、地球の気候を安定化させるはたらきになっているではないか！

ある原因によって生じた結果が、その原因を抑制する方向にはたらくような作用のことを、一般に「負のフィードバック効果」と呼ぶ。前述の「正のフィードバック効果」(アイスアルベド・フィードバック)とは逆に、負のフィードバック効果にはシステムを安定化させるはたらきがある。地球の気候は、風化反応の温度依存性によって安定に保たれてきたのではないか、と考えることができるのだ。このフィードバック効果は、その存在を初めて指摘したウォーカー博士に敬意を表して、「ウォーカー・フィードバック」と呼ばれている。

ただし、このような地球システムの安定化メカニズムは、一〇〇万年よりも長い時間スケールで有効なものであって、たとえば現代の地球温暖化のような短い時間スケールでの擾乱に対しては、残念ながら有効ではない。さきほども述べたが、自然界で生起する現象を議論する際には、その現象に特徴的な時間スケールに注意する必要があるのだ。

地球環境が、地球史を通じて安定に保たれてきたのは、ウォーカー・フィードバックのおかげだと考えられている。もし地球システム内にこのような負のフィードバック効果が存在しなければ、地球環境は暴走的に温暖化または寒冷化してしまうはずである。その意味で、地球環境がもし長期的に安定だとすれば、このような負のフィードバック効果の存在が不可欠なのだ。

実は、私自身も、地球環境の長期的な安定性の問題に取り組んできた。太陽光度の増大や大陸の成長、地球規模の火山活動の変化などさまざまな条件を考慮して、地球大気の進化と地球環境の長期的安定性について、詳細な検討を行ってきたのである。

その結果、地球環境の進化には大陸の形成と成長がとても重要な役割を果たしてきたことが分かった。地球史前半においては、まだ大きな大陸が形成されておらず、地球表面はほとんど海に覆われていたらしい。その場合、大気中の二酸化炭素は効率的に消費されないため、地表は高温環境（～摂氏一〇〇度）になる。これは、炭酸塩として固定された二酸化炭素が、海洋プレートの沈み込みにともなう火山活動を通じて活発にリサイクルされていた、ということも大きな要因だ。

しかし、いまから三〇億～二五億年前に大陸が急激に成長を始めたことにともなって、大気中の二酸化炭素は急速に消費され、地球環境は現在と似たような環境に進化したと考えられる。それは、成長した大陸表面が「風化作用」を受けることによって、負のフィードバックが有効に作用し始めるからである。

それに加えて、大陸は炭酸塩岩の安定なリザーバ（貯蔵庫）としての役割も果たす。つまり、海水中で沈殿した炭酸塩が、その後の地殻の隆起や海底堆積物の付加などによって大陸上に蓄積されると、風化作用によって溶解するまでに数億年を要するのだ。これは、平均寿命が数千万年の海底堆積物よりも、ずっと長い。この結果、あたかも炭素循環システムから大量の二酸化炭素が除去されたようになる。すると沈み込み帯に持ち込まれる炭酸塩の量も少なくなるため、二酸化炭素として大気へリサイクルされる量も少なくなり、地球環境は現在のような温暖な状態になるのである。

こうした研究の結果、地球誕生以来の地球環境の進化と長期的安定性の大枠が理解できたと考えられるようになった。しかしながら、ものごとは、実際にはそれほど単純ではなかった。

5　プレートテクトニクスの役割

もう少しだけ地球環境の安定性の議論にお付き合い願いたい。

実は、負のフィードバック効果が存在しているだけでは、地球環境が安定であることの説明には不十分なのである。というのは、負のフィードバック効果の存在は、地球環境が暴走的に振舞わないことを意味するだけであって、条件によっては、地球は生命が生存できないような高温環境にもなり得るし、逆に生命が生存できないような寒冷環境にもなり得るからである。

たとえば、あるとき火山活動が活発になったとしよう。二酸化炭素は火山ガスとして大気中に盛んに供給される。すると、炭素循環システムの内部で負のフィードバックがはたらき、二酸化炭素の消費を増やすことで、二酸化炭素の供給と消費とがつり合うような状態が実現するはずである。というのは、二酸化炭素の供給が消費を上回ることになるため、大気中の二酸化炭素濃度は上昇していき、地球の平均気温も上昇する結果となり、結局、風化反応が促進されるはずだからだ。このとき実現するのは、とても高温な環境である。

逆に、火山活動が弱まったとしよう。二酸化炭素は火山ガスとして大気中にあまり供給されなくなる。すると、二酸化炭素の供給よりも消費が上回ることになるため、二酸化炭素濃度は低下していき、地球の平均気温も低下することになるだろう。その結果、風化反応は進まなくなり、やがて二酸化炭素の供給と消費がつり合うようになる。このときに実現するのは、寒冷な気候状態である。

それでは、火山活動がほとんど完全に停止してしまった状況を考えてみよう。二酸化炭素の供給がほとんどなくなるため、大気中の二酸化炭素濃度はどんどん低下する。気候の寒冷化が進むために、氷床は極から中緯度まで張り出し、やがて緯度三〇度付近にまで到達するだろう。そして、ついには大氷冠不安定が生じて地球は全球凍結してしまうはずである。

このことに気がついた私は、実際にモデル計算を行って地球システムの挙動を調べてみた。すると、火山活動による二酸化炭素の供給が、現在の一〇分の一程度にまで低下すると、地球は全球凍結状態に陥ってしまうことが分かったのだ。負のフィードバックがはたらいているにもかかわらず、である。

このことからも明らかなように、負のフィードバック自体は、地球環境を温暖な状態に保つ役割を果たさない。負のフィードバックは、炭素循環システムにおける二酸化炭素の供給と消費を自律的につり合わせるはたらきをしているだけである。

本当に重要なのは、大気中に二酸化炭素を供給するプロセスである、地球全体の火山活動の変動だといえる。すなわち、もし地球環境が長期的にみて現在とそれほど変わらない状態に維持されてきたのだとすると、それは火山活動による二酸化炭素の供給が、現在とあまり大きく変わらなかったことを意味する。逆にいえば、地球全体の火山活動度があまり大きく変化しなかったことこそが、地球環境が長期的に安定だった本質的な理由ではないだろうか。

地球全体の火山活動は、プレートテクトニクスと密接に関係している。そして、火山ガスとしての二酸化炭素の放出は、中央海嶺や沈み込み帯の火山活動によるものである。とくに沈み込み帯においては、前述の通り、炭酸塩鉱物などが熱分解して、ふたたび二酸化炭素となり、火山活動によって大気中に放出される、というリサイクルが生じるため、膨大な量の二酸化炭素を大気中に供給し続けている。しかも、こうした火山活動は、一〇〇万年という時間スケールでみれば、ほぼ連続的に生じているとみなすことができる。このことから、プレートテクトニクスがはたらいていることが、地球環境が長期的に安定に保たれてきた真の理由ではないかと考えられる。

さらには、もし地球が全球凍結に陥ったことがないのだとしたら、それは、火山活動による二酸化炭素の放出がある臨界値を下回ったことがないからだ、ということになる。その理由も、おそらく地球ではプレートテクトニクスによって火山活動が常に連続的に生じてきたためであろう。

ちなみに、金星や火星でも火山活動が生じたという地形的証拠がある。すなわち、どちらの惑星表面にも明らかな火山地形が存在するのである。しかし、それはいわゆるホットスポット型の火山活動であると考えられている。ホットスポットというのは、地球でいえばハワイやタヒチ、アイスランドなどにおける火山活動のことで、惑星内部における高温の上昇流によって生じる火山活動である。しかし、このような火山活動は間欠的で、したがって二酸化炭素の供給も間欠的になる。

地球が温暖環境を維持してこられたのは、プレートテクトニクスによる連続的な火山活動のおかげなのだ——。このような結論にたどりついた私は、一九九八年春に開催された日本地球惑星科学関連学会合同大会で、研究結果について発表した。

地球環境の長期的安定性は、プレートテクトニクス、すなわち地球内部の活動が支えている、というアイディアは、なかなか示唆に富んでいるように思われる。天体内部の活動が激しく変動するような惑星においては、その表層環境も激しく変動するに違いない。プレートテクトニクス（地球内部進化）と地球環境進化との関係について、さらに踏み込んだ検討を行う価値は十分にある。私は今後の研究の展開にあれこれ思いを巡らせていた。

一九九九年、ホフマン博士からの郵便物が届いたのは、まさにちょうどそんなころであった。同封されていた彼の論文の衝撃的な内容は、まったく予想外のものであった。地球は原生代後期に全球凍結したというのだ。

それまでずっと、地球は全球凍結したことがない、と信じられており、だからこそ、地球環境は長期的に安定である理由を説明する必要があったのだ。そして、地球環境の長期的な安定性のためには、プレートテクトニクスが重要な役割を果たしていたのではないか、という考えに私はたどり着いたばかりだったのだ。ホフマン博士の論文は、そのような論理を根底から覆しかねない主張なのである。青天の霹靂とはまさにこのことである。

いったい何を根拠に、そんなことがいえるのだろうか。全球凍結したことを示す決定的な証拠とはいったい何なのだろう。

第三章　仮説

1　気づかれなかった論文

ホフマン博士の論文は、スノーボールアース仮説を支持する証拠が得られたというものだった。その仮説は既に述べたように、ジョセフ・カーシュビンク博士が一九九二年に提唱したものである。そこで、まずカーシュビンク博士の主張と、彼がそう考えるに至った経緯について紹介しよう。

カーシュビンク博士は、非常に快活でユーモアを愛する人物である。そして何よりもサイエンスが楽しくて仕方がなく、しょっちゅう他人の部屋にきては議論を持ちかけてくる。世界中を忙しく飛び回り、最新の情報や知識をいち早くキャッチしており、きわめて大胆なアイディアを次々に繰り出す様子は、なるほどこういう人物がカルテク（CALTECH：ノーベル賞学者を輩出する名門カリフォルニア工科大学の略称）の教授なのか、と思わせる。

博士は、南オーストラリアのエラティィナ層と呼ばれる原生代後期の氷河堆積物が当時の赤道域で形成された、とする研究結果の古地磁気学的検証を行って、それが紛れもない事実であることを証明したことは、第一章の終わりで述べた通りである。それは、彼自身の期待とは正反対のものだった。しかし、科学者というものは、たとえ自分の期待に沿わない結果が得られたとしても、それが事実であれば、甘んじて受け入れなければならない。自分の好みで事実を曲げるようなまねは、絶対にしてはいけないのだ。

博士は悩み抜いた末に、ある結論に達した。地球全体が、極から赤道まで、陸も海もほとんど完全に凍りついていたと考えれば、赤道域に大陸氷床が存在していても何も不思議はないではないか。つまり、地球は全球凍結していたのだ。きわめて単純明快な発想である。

しかし、それまで多くの研究者がこのような考え方をしなかったのには理由がある。暗い太陽のもとで、いったん地球が全球凍結状態に陥ってしまうと、太陽がいまの明るさになっても、そこから脱出することができないのだ（第二章参照）。

だが博士は、実にうまい解決策を思いついた。全球凍結した地球上には、液体の水が存在しない。液体の水がなければ、地表面の風化作用が起こらないし、生物の光合成活動も生じない。つまり、二酸化炭素が消費されなくなるではないか。一方、全球凍結した地球上でも火山活動は生じる。火山活動によって二酸化炭素が大気中に供給されると、それは消費されないため、大気に蓄積していく。こんなことは、現在の地球では不可能であり、全球凍結状態でなければ起こり得ないことだ。やがて、大気中に大量の二酸化炭素が蓄積されると、その強力な温室効果によって、氷は融解するだろう。氷は赤道から融け始め、ついには極の氷まですべて融けてしまったに違いない。全球凍結状態に陥っても、そこから脱出することができるではないか！

一九八〇年代末にこの画期的なアイディアを思いついた博士は、それを論文にまとめるとともに、あちこちでこのアイディアを発表した。

この話に関心を示したのが、米国ペンシルバニア州立大学のジェイムス・キャスティング博士であった。彼は、大気化学や大気放射の知識を武器に、地球大気や惑星大気の進化を幅広く研究している大変すぐれた研究者で、この分野における文字通りの第一人者である。

キャスティング博士は、二酸化炭素の圧力が数十〜一〇〇気圧という、金星や原始地球で想定される二酸化炭素主体の大気の温室効果に関する研究を、すでに一九八〇年代前半に行っていた。

そのような研究結果に基づき、キャスティング博士は、当時ペンシルバニア州立大学のポスドク（博士号取得後の任期付き研究員）だったケン・カルデイラ博士（現在は米国スタンフォード大学教授）とともに、地球が全球凍結状態から脱出するためには、二酸化炭素分圧が〇・一二気圧程度、つまり現在の大気中の二酸化炭素分圧の約四〇〇倍になる必要があることを示した。したがって、いったん全球凍結に陥ったら脱出することはできないという問題は、カーシュビンク博士のアイディア通り、実際にクリアできることが示された。

カーシュビンク博士のスノーボールアース仮説には、実はもうひとつ大きなメリットがあった。原生代後期の氷河堆積物には、なぜか縞状《しまじょう》鉄鉱床と呼ばれる、酸化鉄が濃集した堆積物が伴われているのだ。これは実に不思議なことである。

縞状鉄鉱床は、いまから約二五億～二〇億年前に大量に形成されたことが知られている。それは、大気中の酸素濃度がこの時期に急激に増加した証拠のひとつだとされている。人類は鉄資源としてこれを利用しており、まさに文明を支えている重要な鉱床だ。オーストラリアやブラジルをはじめとして、世界中に広く分布する。酸化鉄に富む層とシリカに富む層とが交互に堆積していることから、「縞状」にみえる。縞状鉄鉱床は、大気も海水も酸素に富む現在のような環境では、特殊な場合を除いては形成されない。実際、約一八億年前に形成されて以降、ほとんどまったく形成されていないのである。このことは、約一八億年前以降はずっと大気中の酸素濃度がある程度高い状態だったことを示唆している。

ところが、この縞状鉄鉱床が、原生代後期の氷河堆積物にともなって、実に約一〇億年ぶりに形成されているのである。これは、いったいなぜだろうか。これを偶然と片付けることは、とてもできない。通常は形成されないものが形成されているのだから、これは原生代後期の氷河作用と何らかの因果関係があるはずだ。

カーシュビンク博士は、ここでまたもやうまいアイディアを思いついた。氷でふたをされた海洋は、大気とのガス交換が遮断される。したがって、大気中に酸素があったとしても、海洋には供給されない。海底には、「熱水系」と呼ばれる、海底から温泉が噴き出しているような場所がある。海底の割れ目に浸透した海水が、地下のマグマの熱によって温められ、高温の熱水としてふたたび海水中に噴出しているのだ。海底熱水系からは還元的な物質が供給されるため、海水中に溶けていた酸素はやがて消費し尽くされてしまうと考えられる。そのような貧酸素的な環境下では、海底熱水系から供給される二価の鉄イオンが溶存できる。全球凍結してから氷の融解が始まるまでの長い期間にわたって、海洋の深層水中には鉄イオンが大量に蓄積される。

やがて氷が融けて、大気中の酸素が海洋表層水に供給されるようになると、これらの鉄イオンは急速に酸化されて沈澱するはずである。これが、氷河堆積物にともなって縞状鉄鉱床が形成された理由ではないだろうか。

地球が全球凍結したと考えることによって、赤道域に氷河堆積物が形成されていること、氷河堆積物にともなって縞状鉄鉱床が形成されていること、の両方とも説明することができる。これは仮説としては大変優れているといえる。

しかし、彼の論文は残念ながら世間の注目を集めなかった。何しろ、この斬新なアイディアは一三四八ページもある分厚い本に収められた、たった二ページの論文なのだ。何も知らない人がたまたまこの論文を目にすることはまずない。実際、私もこの本を持っていながら、その論文の存在に気がつかなかった。

スノーボールアース仮説が脚光を浴びるためには、ホフマン博士の登場を待たなければならなかったのである。

2 四つの謎が一つの仮説で解けた

ポール・ホフマン博士は、地質学者のなかでも人並みはずれてタフなことで知られている。何しろ、ボストンマラソンを二時間三〇分弱で走破した人物だ。カナダの北極圏を熊と戦いながら調査したり、湖の向こう岸の露頭まで泳いでわたって調査を行ったりと、人並みはずれた逸話をたくさん耳にする。彼が案内する地質巡検は、一日に何キロも山や谷を越えなければならないハードなもので、なにより彼の歩くスピードについて行くのは至難の業だと聞く。

その彼の有名な仕事は、一九八八年に発表した「ユナイテッド・プレーツ・オブ・アメリカ」(United Plates of America) という、ウィットにあふれるタイトルの論文である。彼は、北米大陸が約一九億年前にいくつかの大陸プレートの衝突によって形成されたということを、緻密な地質調査と膨大な文献調査によって明らかにしたのだ。

その後、カナダの地質調査所から米国のハーバード大学に移り、原生代後期という時代を研究のターゲットに据えた。彼は、ロディニア大陸と呼ばれる超大陸の復元に関する研究を行った。ロディニア大陸は、約一一億年前に形成された、赤道のやや南よりを中心にほとんどの大陸地塊がひとつにまとまった巨大大陸だと考えられている。

当時、いくつかの大陸同士が衝突することで、グレンビル造山運動という、現在のヒマラヤ山脈のような造山帯を形成する活動が生じ、ロディニア大陸が形成されたらしい。ロディニア大陸は、七億五〇〇〇万年前頃には分裂を開始したと考えられている。

博士は、一九九三年頃からは、アフリカのナミビア共和国に分布する原生代後期の地層の調査を行っていた。ナミビア共和国は、アフリカ大陸の南西部に位置し、南アフリカ共和国の北西部と国境を接している。以前は南西アフリカと呼ばれ、南アフリカ共和国の植民地であったが、一九九〇年に独立を果たした。そのような政情の変化を受けて、博士はナミビア共和国の地質調査に乗り出したというわけである。

ナミビア共和国北部には、現在のバハマのような浅いプラットフォームと呼ばれる場所で形成されたと考えられる、一連の堆積岩が露出している。そこには、チューオス層及びガーブ層と呼ばれる氷河性のダイアミクタイトが二層存在していた。どちらのダイアミクタイトも、それぞれラストフ層及びマイエバーグ層と呼ばれる炭酸塩岩に覆われていた〈写真10〉。

その炭酸塩岩は、「キャップカーボネート」と呼ばれている。氷河堆積物をキャップするように堆積している炭酸塩岩（カーボネート）だからだ。それは、謎の存在だといえる。

氷河堆積物は、現在でいえば南極周辺など、ふつうは極域で形成される堆積物だ。

これに対し、炭酸塩岩は、ふつうは熱帯域から亜熱帯域で形成される堆積物だ。そのような熱帯性～亜熱帯性の堆積物が氷河堆積物というまったく素性の異なる堆積物と、互いに接するように堆積しているのだ。しかも、それらの堆積物の組成は徐々に変わっていくのではなく、両者の

〈写真10〉氷河性ダイアミクタイトとキャップカーボネート（ナミビア、オタビ層群）。九州大学の清川昌一博士（左）とハーバード大学のポール・ホフマン博士（右）。（提供：清川昌一氏）

境界において、ナイフで切ったように、突然変わっているという特徴を持つ。このことは、当時、急激な気候変動が生じたことを示唆する。極域の気候から熱帯域の気候へと、急激に変化したのだ。これはどうみても異常である。そのようなわけで、この炭酸塩岩は「謎のキャップカーボネート」と呼ばれていた。

キャップカーボネートとはいったい何なのか、詳しく調べる必要があることは明らかだ。ホフマン博士らは、キャップカーボネートの炭素同位体比の分析を行った。炭素同位体比を見れば、当時の炭素循環の様子が分かるからである。博士らがキャップカーボネートの炭素同位体比を測定してみたところ、驚くべき事実が明らかになった。

炭素同位体比は氷河堆積物よりも下部で

は異常に大きな値（〜一〇パーミル）を示すが、氷河堆積物直前で低下を始め、氷河堆積物の直上ではマイナス六パーミルという値にまで下がってしまうのだ。この、マイナス六パーミルという値は、特別な値として知られている。これは、地球内部に存在する炭素の同位体比の値と同じなのだ。たとえば、ダイヤモンドは、地球内部の高圧条件下で生成されたものだが、その炭素同位体比もこのような値を示す。また、火山ガスとして放出される二酸化炭素の炭素同位体比も、マイナス六パーミルである。

火山ガスとして大気へ供給された二酸化炭素は、その一部が生物の光合成によって固定され、その際に軽い炭素がより多く生物体内に取り込まれるため、海水中の炭素同位体比は相対的に重くなり、通常は〇パーミルくらいを示す。もちろん、海水の炭素同位体比は時代とともに変動していることが知られているが、その変動はそれほど大きくない。炭素同位体比が小さくなる現象は、「炭素同位体比の負異常」と呼ばれるが、例外を除いて、マイナス六パーミルまで下がることはまずない。

海水の炭素同位体比の値が、大気や海洋へ供給される火山ガスの値にまで低下していることが何を意味するか、答えは明らかであろう。すなわち、氷河時代の直後に、生物による光合成活動がほぼ完全に停止した、ということである。それは、生物の大絶滅をも示唆している。

氷河時代に生物活動が停止する。そんな話は聞いたことがない。氷河時代は繰り返し起こっているが、そんな例はこれまでまったく知られていないのだ。だとすると、このときの氷河時代は、何か特別なものだった可能性が高い。

ホフマン博士は、これはまさにスノーボールアース仮説を支持する証拠であると考えた。地球全体が凍結してしまえば、ほとんどの生物は生存することができない。生物活動には、液体の水の存在が不可欠なのだが、全球凍結した地球の表面には、液体の水が存在できないのである。

原生代においては、おそらくバクテリアや地衣類などを除いて、生物はまだ陸上に進出していなかった。私たちになじみ深い陸上の動物も植物も、まだ出現していなかったのだ。当時の主要な生物のほとんどは、海の中に生息していた。光合成生物（光合成バクテリアと藻類）も、そのほとんどが、太陽光が届く深さ一〇〇メートルくらいの「有光層」と呼ばれる浅い海に生息していたはずである。しかし、後述するように、全球凍結が生じると、海は表層一〇〇〇メートル程度が完全に凍結してしまうため、光合成生物が活動できる場は失われる。

全球凍結のあいだ、火山活動によって二酸化炭素が現在と同じペースで放出されていたとすると、地球全体の氷を融かすために必要な二酸化炭素量（〇・一二気圧程度、現在の二酸化炭素の約四〇〇倍）を大気中に蓄積するためには、最低でも四〇〇万年はかかると推定される。

つまり、少なくとも数百万年間にわたって、全球凍結状態が続くことになる。生物の大絶滅が生じたとしても何ら不思議ではないではないか。そのことに気がついたホフマン博士は、あらゆる角度から考察を行った。

キャップカーボネートの存在自体も、スノーボールアース仮説と非常に整合的である。なぜならば、氷が融解した直後は無凍結状態となるため、今度は現在の約四〇〇倍もの量の二酸化炭素による猛烈な温室効果によって、地球全体が現在の熱帯以上の高温環境になることが予想される。海水の蒸発が促進され、気温の上昇と降水量の増加によって地表は激しく風化浸食されて、大量の陽イオンを海洋に供給する。その結果、海水中から炭酸塩鉱物が急速に沈澱し、キャップカーボネートが形成された、というわけである。

このように、スノーボールアース仮説によって、原生代後期の氷河堆積物に特徴的ないくつもの事実を説明できる。それらをまとめてみると、

①赤道域に大陸氷床が存在していたという古地磁気学的証拠
②氷河堆積物にともなって約一〇億年ぶりに縞状鉄鉱床が形成されていること
③氷河堆積物の直上に熱帯性のキャップカーボネートが堆積していること
④光合成活動が停止したことを示唆する炭素同位体の記録

これらすべての謎を統一的に説明できるというところが、この仮説の非常に優れた点である。

彼は、この問題に関係するあらゆる分野の研究論文を勉強し、スノーボールアース仮説を強固な理論として構築していった。全球凍結した原因、全球凍結中に生じるはずのプロセス、氷の融解時に何が起こったか、生物進化への影響、さらには別の解釈の可能性まで、幅広い議論を行った。

この研究結果は、一九九八年に『サイエンス』誌に掲載され、一大センセーションを巻き起こ

した。ホフマン博士が、この研究成果を精力的に宣伝してまわったこともあり、スノーボールアース仮説は一気に有名になったのである。

3　零下五〇度から摂氏五〇度まで

ここで、全球凍結という現象がどういうものかを整理してみよう。それには、ふたたび、エネルギーバランス気候モデルから得られた結果の図をみるのがわかりやすい。

地球の気候を支配する主要因は、太陽からのエネルギー、惑星アルベド、そして大気の温室効果ということはすでに述べた。このうち、太陽の明るさが地球史を通じて徐々に増加してきたことを第二章で述べたが、太陽の明るさが短い時間スケールで大きく変動するという現象が知られているわけではない。したがって、地質時代の気候変動を議論するのに、横軸を太陽放射に取ったグラフ〈P59図8〉というのは、あまり便利なものではない。

これに対し、大気中の二酸化炭素濃度は大きく変動し得る。二酸化炭素濃度の変化に応じて大気の温室効果の強さが変わるので、気候変動と密接に関係する。実際、地球史における気候変動は、大気中の二酸化炭素濃度の変動が深く関係していたというのが、一般的な認識である。

たとえば、南極やグリーンランドの氷床掘削によって得られたアイスコア（筒状の氷の柱）には気泡が含まれている。そのガス組成を分析することで、過去の大気中の二酸化炭素濃度の変動が推定されている。その結果、少なくとも過去約八〇万年間にわたる気候の変動は、大気中の二酸化炭素濃度の変動と見事に同期していたことが明らかになった。すなわち、大気中の二酸化炭素濃度は、氷期には一八〇ｐｐm程度にまで低下し、間氷期には二八〇ｐｐm程度にまで上昇するという変動を一〇万年周期で繰り返すのである。氷期と間氷期の変動は、二酸化炭素濃度の変動と密接に関係しているのだ。

それだけではない。顕生代にわたる過去約五億四二〇〇万年間の気候変動も、大気中の二酸化炭素濃度の変動と同期していることが分かってきた。このような時間スケールでは、化学風化を受けた昔の土壌（古土壌と呼ばれる）や植物プランクトンの光合成による炭素同位体比の変化の大きさなどから、古二酸化炭素濃度が推定されている。それらの推定結果は、炭素循環モデルを用いた理論的な推定結果とも非常に調和的である。

たとえば、温暖とされる古生代前半（約五億年前）は二酸化炭素濃度が現在の約二〇倍も高かったと推定されている。しかし、古生代後半（約三億年前）には二酸化炭素濃度が現在とほぼ同じくらいにまで低くなり、大氷河時代（ゴンドワナ氷河時代）が訪れた。それが、中生代の白亜紀（約一億年前）になると、二酸化炭素濃度が現在の数倍～一〇倍くらいにまで高くなり、有名な温暖期となった。恐竜が繁栄したのもこの時代である。そして、新生代半ばになると、二酸化炭素濃度が低下して、ふたたび氷河時代になった。

もちろん、気候変動の原因には二酸化炭素のほかにもさまざまな要因が存在していて、それらが複雑にからみあっているということには注意が必要である。しかし、その中にあって、二酸化炭素濃度の変動は非常に重要な役割を果たしてきたことが、古気候の研究からも強く示唆されるというわけだ。

もっとも、こうした過去の二酸化炭素濃度の変動は、気候変動の「原因」ではなく「結果」である、という主張もある。これは、両者の変動のタイミングに、時間的なズレが存在する可能性を指摘したものだ。二酸化炭素濃度の増加による現代の地球温暖化は間違いだとする一部の主張は、過去の気候変動についても、二酸化炭素濃度の変動が原因ではない、と解釈する。アメリカでは、このような主張が政治や産業界と結びつき、ゴア元副大統領の訴える「不都合な真実」を受け入れてこなかったことはよく知られている。

しかし、二酸化炭素濃度の変動が、少なくとも気候変動を増幅させてきたことは疑いようもない。さまざまなモデル計算や古二酸化炭素濃度の測定結果、統計的な解析などが、二酸化炭素濃度の変動と気候変動との明らかな関係を示している。実際、アメリカを含む世界中のほとんどの気象学者や気候学者は、二酸化炭素濃度の変動が気候変動の主要因だと考えている。

というわけで、原生代に生じた全球凍結は、大気の温室効果が奪われた結果、生じた可能性が高いのではないかと思われる。

〈図11〉は、第二章の〈図8〉とよく似ているが、横軸を太陽放射ではなく二酸化炭素分圧に取ったものである。つまり、横軸は大気の温室効果の強さを表している。実は、〈図8〉は二酸化化

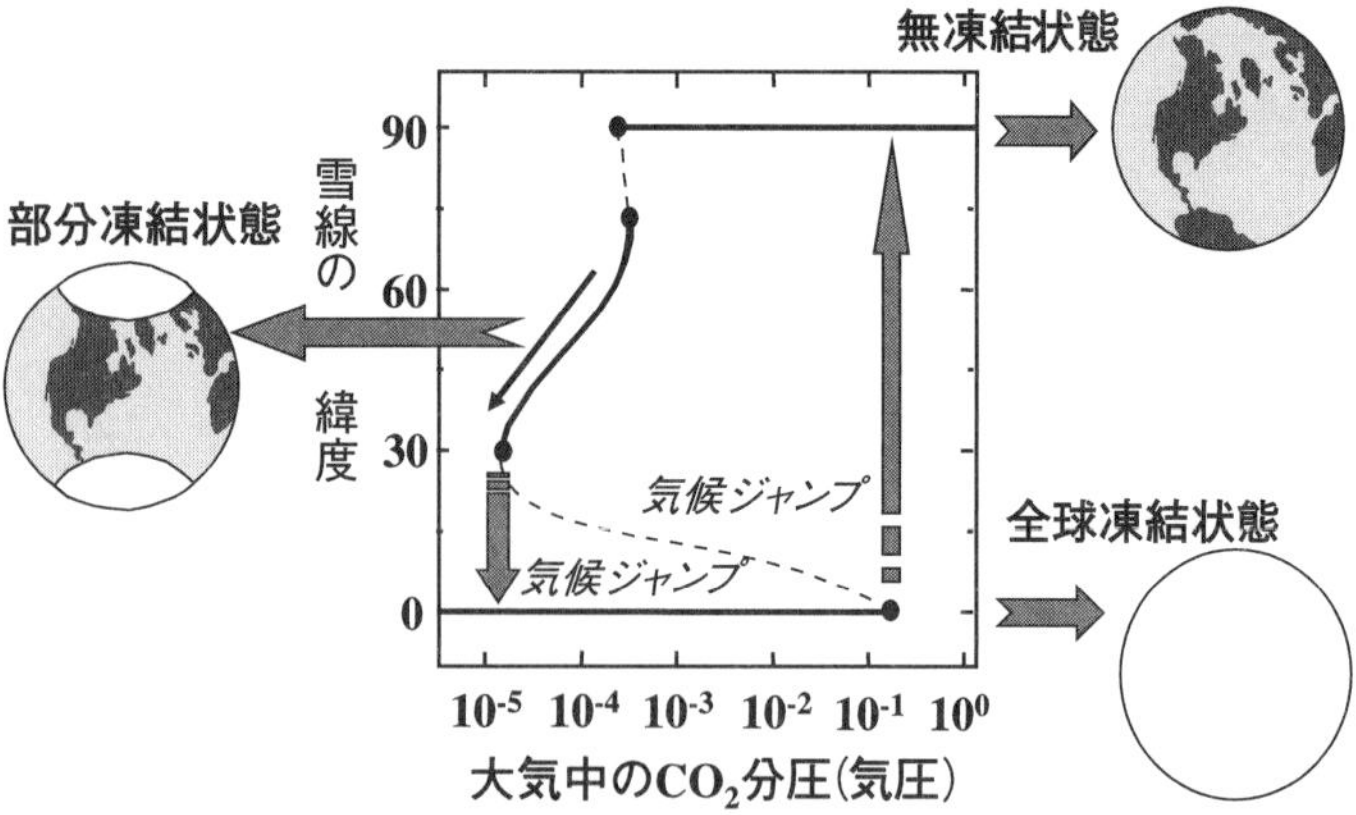

〈図11〉 地球が取り得る気候状態。実線はエネルギーバランス気候モデルから得られた安定解、破線は不安定解、黒丸は安定解がなくなる臨界点。地球の安定な気候状態には、無凍結状態、部分凍結状態、全球凍結状態の３種類がある。

炭素分圧を現在の値に固定して太陽放射を変化させたものだったのに対し、〈図11〉は太陽放射を現在の値に固定して二酸化炭素分圧を変化させたものである。

この図を使うと、全球凍結現象を以下のように捉えることが可能になる。

まず、温暖な無凍結状態から出発する。大気中の二酸化炭素分圧が低下すると、やがて部分凍結状態、いわゆる通常の意味での氷河時代になる。二酸化炭素分圧がさらに低下すると、温室効果が弱くなるために地球全体が寒冷化し、氷床は低緯度まで拡大していく。炭素循環の時間スケールから、この過程には、早くても数十万年程度かかると推定される。

氷床が緯度三〇度付近にまで拡大すると、部分凍結状態はもはや安定でなくなるため、地球は全球凍結状態に陥ることになる。この

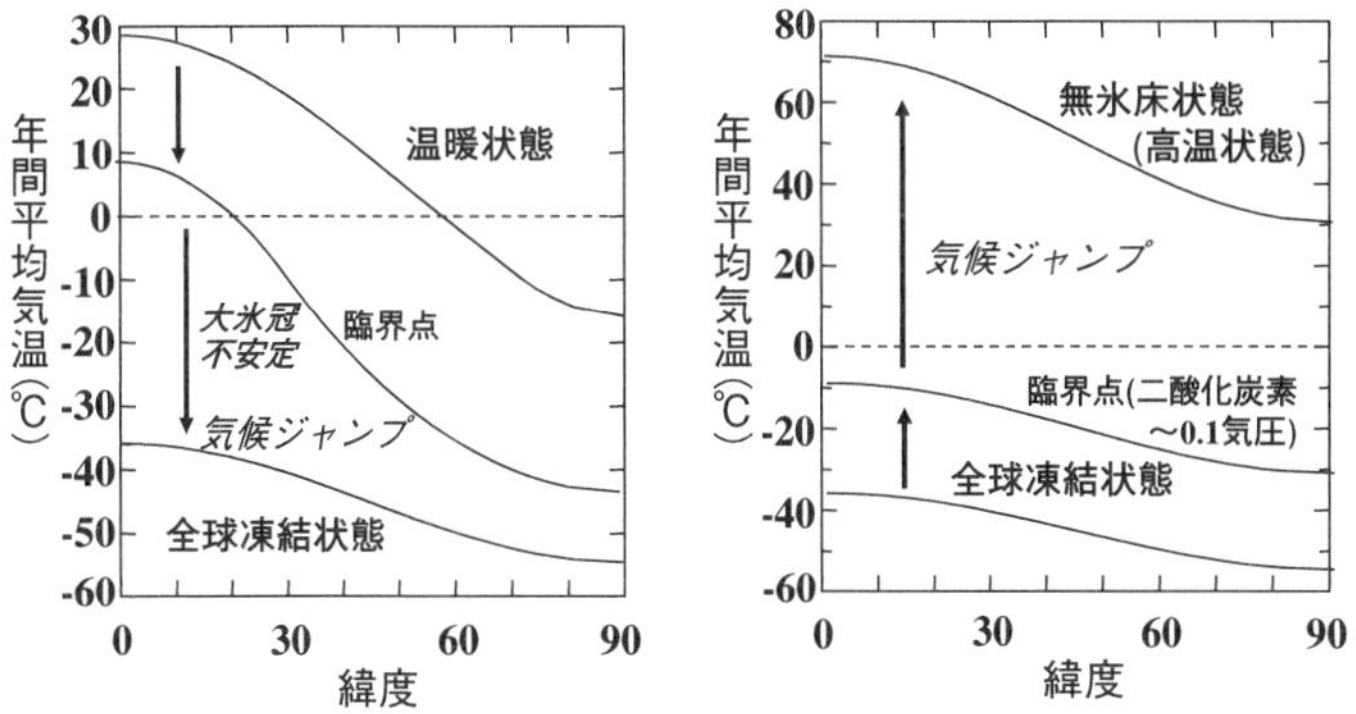

〈図12〉全球凍結現象にともなう南北温度分布の変化。
（左）は全球凍結に陥る過程。（右）は全球凍結からの脱出過程。全球凍結の一連の過程で、地球の平均気温は約100度も変動する。

気候ジャンプの過程は、非常に急速に生じる。おそらく、数百年程度で赤道まで一気に氷に覆われるだろう。

このときの気温の変化をみてみよう。〈図12〉は緯度方向の気温分布を示したものである。現在のような部分凍結状態においては、赤道域の年平均気温は摂氏三〇度弱くらいであるが、極域の平均気温は氷点下である。二酸化炭素分圧が低下し、地球全体の寒冷化が生じると、平均気温が氷点下で氷に覆われた領域がより低緯度側へと拡大していく〈図12左〉。

地球が全球凍結状態に陥ると、平均気温はマイナス四〇度近くまで低下する。赤道でもマイナス三〇度以下、極ではマイナス五〇度以下である。これらは年間の平均気温であり、真冬にはもっと低い気温になる。このように寒冷なのは、地球全体が氷で覆われて真っ白になるため、太陽からの日射の大部分

（六〇～七〇パーセント程度）を反射してしまうからだ。

私はかつて、マイナス三〇度という気温を、カナダのノースウェスト準州イエローナイフという場所で体験したことがある。イエローナイフは、カナダのほぼ中央部、北緯六二度に位置する。金やダイヤモンドを産出することから、一万六〇〇〇人ほどの人々が住んでいる。オーロラがよく見えることでも有名である。しかし、冬の寒さは厳しく、マイナス四〇度になることもある。もちろん、極地仕様の防寒着がなければとても耐えられず、顔などの露出した肌は痛みを感じるほどで、まさしく息も凍る寒さだ。屋外に五分も出ていると寒くて耐えられなくなってくる。現地の人によれば、マイナス四〇度の世界はこれとはまったく違う恐ろしい寒さだということだった。彼らは、その違いを文字通り肌で理解しているようだが、その違いは私たちの想像をはるかに超えている。全球凍結状態では、そのような状態が、赤道域における平均的な気候なのである。

ちなみに、マイナス四〇度という気温は、日本の北海道旭川市や美深《びふか》町などでも記録されているそうである。

地球上における最低気温の世界記録は、南極ボストーク基地で一九八三年に記録されたマイナス八九・二度というのがある。全球凍結下の極域の最低気温は、これと同程度かもっと低かったかも知れない。しかし、重要な点は、全球凍結状態では真夏の赤道においてさえも氷点下であるということであり、これが現在の地球とは本質的に異なる点である。地球が受け取る太陽放射エネルギーが現在と比べてずっと少ないため、地球全体が常に氷点下の世界なのだ。

さて、いったん全球凍結状態に陥ると、二酸化炭素が多少増えたところで、気温は極から赤道へ至るまで氷点下のままであるから、状況は何も変わらない。このような状態は、火山活動にともなう二酸化炭素の供給によって大気中の二酸化炭素濃度が〇・一二気圧程度に増加するまで維持される。そのため、全球凍結状態は数百万年以上継続することになる。その間、海水は表面から冷やされて凍結していく。何しろ、赤道でも年平均気温がマイナス三〇度である。放っておけば一〇〇〇年ほどで、海洋は全部凍結してしまうのではないかと予想される。

しかし、実は二つの点において、この予想ははずれている。

まず第一に、水が氷になる際には、液体から固体への凝結にともない、潜熱《せんねつ》（物質の相変化にともなう熱エネルギー）が発生する。この潜熱によって、冷却速度は大幅にブレーキがかかり、冷却の時間スケールは一〇万年程度になる。

第二の点はとても重要である。それは、海底から地殻熱流量と呼ばれる、地球内部からの熱の放出があるということだ。地球の内部は現在でも非常に高温で、徐々に熱を放出しながら冷えているのだ。たとえば、中央海嶺ではマントル物質が上昇して溶融することで、新しい海洋地殻が形成されている。その温度は、摂氏一二八〇度くらいである。地球深部へいくほど温度は高くなり、地球中心部では約六〇〇〇度にも達する。

地球内部の熱は地球の表面全体から放出されている。地殻熱流量は、現在の地球では平均して一平方メートルあたり八七ミリワット、海洋底のみで平均をとると一〇一ミリワットである。これは、太陽からの放射エネルギーと比べると、約四〇〇〇分の一でしかない。しかし、この微小な熱の流れによって、実は、海洋は完全に凍結することを免れるのだ。

海底から放出された熱は、海水中を伝わり、大気へと放出される。しかし、海洋表層が凍結して厚い氷で覆われると、この熱は海洋表層においては氷の内部を熱伝導によって運ばれることになる。熱伝導というのは、温度勾配に比例して熱を運ぶプロセスである。したがって、もし氷が厚すぎると、温度勾配が小さくなるので熱伝導によって運ばれる熱が少なくなり、海水には熱がたまって暖まってしまうことになる。このため、氷の厚さに制約が生じるのだ。

海洋表層の一〇〇〇メートル程度が凍結すると、氷が熱伝導によって運ぶことのできる熱流量がちょうど海底からの地殻熱流量程度となり、海洋は熱的に平衡状態となる。つまり、海洋は、表層の一〇〇〇メートル程度が凍結するだけで、深層領域は凍結しない。

海洋表層が氷で覆われると、海洋の深層水は急速に貧酸素状態になり、海底熱水系から放出された二価の鉄イオンが溶存できるようになる。そうした還元的な環境下では、硫酸還元バクテリアの活動が活発になり、海水中の硫酸イオンを酸化剤として有機炭素を分解し、硫化水素を発生させる。全球凍結した海の深部には、硫化水素が充満していたかも知れない。

やがて数百万年が経過して、大気中の二酸化炭素分圧が〇・一二気圧にまで達すると、氷は赤道から一気に融け始める。これは、全球凍結に至るプロセスの逆である。すなわち、いったん氷が融けてアルベドの低い海が顔を出すと、太陽の光をより吸収することになるため、ますます暖かくなって氷が融けやすくなる、という「正のフィードバック」が生じることになるからだ。これは、いわば「逆アイスアルベド・フィードバック」ともいうべき作用だ。このプロセスもきわめて急速で、おそらく数千年程度ですべての氷が融解すると考えられる。地球は一気に無凍結状態に移行する。

このとき、気候ジャンプがきわめて急速に生じるため、大気中の二酸化炭素は氷が融けても約〇・一気圧分が存在したままの状態だ。この結果、その強力な温室効果によって、今度は、赤道域の年平均気温が摂氏七〇度以上、全球の年平均気温が摂氏五〇〜六〇度という、過酷な高温環境になってしまう〈図12右〉。

ちなみに、現在の地球上の最高気温は、一九二一年にイラクで記録された摂氏五八・八度。日本の夏も暑いが、それでも摂氏四〇度を超えるくらいまでだ。摂氏六〇度近い暑さというのは、普通の生物にとってはその生存の限界を超える暑さであり、そんな気温がずっと続いたら、ほとんどの生物は生存できないだろう。

高温環境においては、海洋表面から水蒸気が盛んに蒸発し、水循環が活発になる。降水量が増加し、地表は激しく風化浸食される。その結果、大量の陽イオンが河川を通じて海洋に流入し、炭酸塩鉱物が沈殿するようになる。このようなメカニズムによる大量の炭酸塩岩の形成こそが、原生代後期の氷河堆積物直上にみられるキャップカーボネートの成因であろうということは前述の通りである。やがて、さらに数十万年から数百万年たつと、大気中の過剰な二酸化炭素はほぼ消費され、温暖な気候状態に落ち着くことになるだろう。

このように、全球凍結現象というのは、全球平均気温の変動が一〇〇度にも及ぶような極端な気候変動である。というよりも、これはもはや通常の気候変動ではなく、気候の「相転移」であると、私は提唱している。全球凍結現象は、通常の連続的な気候変動ではなく、気候の安定解の間の不連続的な変化（気候ジャンプ）をともなう変動だからである。これが、気候モデルと炭素循環モデルから推定される全球凍結現象の概要と各ステージの時間スケールである。

一九九九年の秋、米国コロラド州デンバーで行われた米国地質学会に参加したのは、このような全球凍結現象の物理化学過程と時間スケールに関する研究結果を発表するためだった。これは、参加者数千人という大規模な国際研究集会で、最先端の話題はスペシャル・セッションが組まれ、大勢の聴衆を集めて華々しく行われる。この年は、カーシュビンク博士とホフマン博士が企画したスノーボールアース仮説のスペシャル・セッションが目玉になっていた。会場には、ナミビアのマイエバーグ層（キャップカーボネート）の研究をされていた岐阜大学の川上紳一博士らの姿もあった。

この会議では、ホフマン博士とも直接会って話をする機会を得た。ホフマン博士は、非常に長身で強烈なカリスマ性があり、体中からオーラを放っているような人物だった。私たちは、地球が凍結するプロセスについていろいろ議論を行ったが、とりわけ、私の研究結果が、彼らの考えているスノーボールアース仮説のシナリオと整合的であることを、非常に喜んでくれていた。

ところで、この会議の数少ない日本からの常連の参加者の一人が、東京大学の磯崎行雄博士だ。磯崎博士は、いまから約二億五〇〇〇万年前に生じたペルム紀／三畳紀境界（英語の頭文字をとって「P／T境界」と呼ばれる）の研究における世界的第一人者である。P／T境界では、これまで知られている限り史上最大の生物大量絶滅イベントが起こった。当時の海洋に生息していた生物種が最大で九五パーセントも絶滅した、という推定もある。実際にこのとき何が起こったのかはまだよく分かっていないが、海洋全体が長期間にわたって無酸素状態になったのではないか、と考えられている。日本には、世界的にも希な当時の深海堆積物が露出している。磯崎博士は、当時の浅海域だけでなく深海域も無酸素状態にあり、それが非常に長期間にわたって維持されたらしいことを明らかにした。

実は、磯崎博士はハーバード大学のホフマン博士のところで研究を行っていたことがある。そのため、ホフマン博士の人物像や研究者としての優れた資質などについて非常によくご存じであり、ホフマン博士の業績やいろいろな逸話を、私も聞かせていただいた。

磯崎博士は、なんとカーシュビンク博士とも大変親しい仲だった。私がカーシュビンク博士に初めてお会いしたのも、博士と私が会場で会話をしている最中だった。

カーシュビンク博士は私たちに会うなり、「こんにちは」と日本語で挨拶してきたので、驚いた。実は、カーシュビンク博士の奥様は日本人の研究者で、ご家族は大阪に在住なのだという。野外調査や国際会議で世界中を飛び回っている合間を縫って、カリフォルニア工科大学があるロサンゼルスとご自宅がある大阪とを頻繁に往復しているのだそうだ。カーシュビンク博士とは、これをきっかけに大変親密な関係になるのだが、このときにはそんなことは思いもよらなかった。

スノーボールアース仮説のスペシャル・セッションは、一番大きな会場に大勢の聴衆を集めて行われた。会場を埋めた研究者はみな、この仮説に興味津々で、今後の展開に関心が集まっていた。仮説の登場によって、まさにいま新しい地球史観が確立されつつあることが感じられる、熱気にあふれたセッションだった。

一九八〇年、米国カリフォルニア大学バークレー校のルイス・アルバレス博士とウォールター・アルバレス博士の親子らが、いまから六五〇〇万年前の白亜紀／第三紀境界（K／T境界）において直径一〇キロメートルもの小惑星が地球に衝突し、恐竜やアンモナイトを含む多くの生物種が絶滅した、という仮説を『サイエンス』誌に発表した。

白亜紀と第三紀の地層の境界には粘土の層がはさまっており、その中には地球表層にはほとんど存在しないはずのイリジウム（白金族元素のひとつ）が異常濃集していることを発見したのだ。アルバレス博士らは、このイリジウムは、地球外天体の衝突によってもたらされたものだと考えた。イリジウムの濃度から、その天体は直径が一〇キロメートル程度だと考えられた。

しかし、天体衝突が恐竜やアンモナイトなどの生物種が絶滅した原因だとする考えは、伝統的な地質学者からみると荒唐無稽だった。地質学は、「斉一説《せいいっせつ》」と呼ばれる考えを基本原理としてきた。過去に起こった地質現象は現在観察される現象と同じものである、とする考え方である。

これは、いわゆる天変地異のような考えを排除し、科学的なものの見方を押し進めるものだった。その立場からすると、天体衝突というような天変地異を持ち出すことは掟破りなのだ。

当然のことながら、天体衝突説は発表当初から批判を浴び続けた。とくに、古生物学者は、恐竜やアンモナイトなどの大型生物はある時一斉に絶滅したのではなく、白亜期末に向かって徐々に衰退していった、ということを経験的に知っており、天体衝突説に強い違和感を示した。それまでは、気候の寒冷化が徐々に生じたとか、激しい火山噴火が生じたなど、ふつうに想定できる地球環境変動が絶滅の原因だとされていたのである。

しかし、天体衝突によってのみ生成される衝撃変成石英や球状のスフェルールと呼ばれる物質などが北米大陸やメキシコ湾及びカリブ海周辺から次々と報告され、天体衝突説は信憑性を増していった。また、海に生息していたプランクトンなどの微小な生物種は、K／T境界において明らかに一斉に絶滅していることが示された。それらはサイズが小さいために、少ない試料にもたくさん含まれていることから、絶滅が一斉であったかどうかの統計的に確からしい判定として受け入れられた。

そして、ついに一九九一年、チクシュルブ・クレーターと呼ばれる、K／T境界において形成された直径約二〇〇キロメートルにもおよぶ巨大衝突クレーターがメキシコ・ユカタン半島の地下に存在することが明らかになる。白亜期末のユカタン半島はプラットフォームと呼ばれる浅い海であったため、その後の堆積作用によって、現在は埋め立てられてしまっていたのだ。しかし、重力や地磁気の異常からその存在が疑われ、掘削試料の分析から、それが約六五〇〇万年前に形成された衝突クレーターであることがはっきりしたのである。これによって、天体衝突説は疑問の余地のないものとなり、ほとんどの研究者が受け入れるようになった。結局、仮説の登場から学界に受け入れられるようになるまで一〇年以上の歳月を必要とした。小惑星の衝突によって恐竜が絶滅したとするこの仮説は、それまでの常識を覆し、一大センセーションを巻き起こした。まさに新しい地球史観をもたらしたのである。

スノーボールアース仮説は、この小惑星衝突説以来の、それに匹敵するきわめて革新的な仮説だといえる。間違いなく大論争が生じるであろうことは、容易に想像できた。

第四章　論争

1　激しいやりとり

一九九八年、ホフマン博士らによるスノーボールアース仮説の論文の発表直後から、大きな論争が巻き起こった。何しろ、かつて地球全体が凍りついていた、と主張する非常に大胆な仮説である。自分の研究と関係のない人々は面白がっていればよいが、それまで原生代後期の地球環境や生物進化を研究していた人々からすれば、簡単に受け入れるわけにはいかない。それまでの研究成果をすべて見直さなくてはならなくなるからだ。それに、詳しく調べれば、仮説とは矛盾する事実もいろいろ出てくるにちがいなかった。論争は、『ネイチャー』や『サイエンス』といった著名な科学雑誌上でも頻繁に繰り広げられ、世界中の読者の関心を集めた。

ホフマン博士の論文が発表されてからわずか三ヶ月後、早くも彼らの研究結果に対する疑問の声が『サイエンス』誌に掲載された。それは米国ペンシルバニア州立大学のグレゴリー・ジェンキンス博士とテキサス大学のクリストファー・スコテーゼ博士によるものだった。彼らは、気候モデルを用いた研究結果に基づき、全球凍結を生じさせることはきわめて困難であると主張した。そして、ホフマン博士らの調査結果は、地域的な事象を見ているに過ぎないのではないか、と疑問を呈した。つまり、現在のナミビア共和国にみられる地層の特徴は、「汎世界的なものではない」というのだ。

原生代後期においては、大陸地塊《ちかい》の衝突によって現在のヒマラヤ山脈のような造山帯が形成されたと考えられている。そのような大山脈には山岳氷河が形成され、それが寒冷化によって海岸線まで流れ出した可能性も考えられる。ホフマン博士らが調査した氷河堆積物は、そうした山岳氷河によるものなのではないか、というのである。

これに対し、ホフマン博士らは、ジェンキンス博士による気候モデルを用いた研究の論文を精読し、彼が海面水温を現在よりも二度低いだけの値に固定して計算しているという弱点を指摘した。ジェンキンス博士が用いた気候モデルは、大気の循環を計算するものなので、海面水温は境界条件として与えなければならない。ところが、過去の海面水温は分からないので、適当な温度を仮定せざるを得ないのである。

しかし、二万年前の最終氷期最盛期においてさえ、赤道域の海面水温は現在よりも三〜五度も低かったという推定がある。ましてや全球凍結する直前のきわめて寒冷な気候条件においては、海面水温がもっと低い値だったとしてもまったく不思議はない。

実は、気候モデルを用いた理論研究を行っているジェンキンス博士の研究はスノーボールアース仮説が発表される以前に行ったものであった。当然、「地球史において全球凍結が生じたことを示唆する地質記録は存在しない」ことを根拠にして、モデルの境界条件を与えていた。同じ地球惑星科学分野にありながら、気候学者にとって地質学は別分野も同然なので、地質学者のいうことを受け売りするしかないのである。それに対し、正真正銘の地質学者であるホフマン博士らは「私たちは、地質記録を違うふうに解釈する」と強烈に皮肉ったのである。

さらに、氷河堆積物が山岳氷河によるものではないのかという指摘に対して、ホフマン博士らは「ナミビアにみられる氷河堆積物が形成された当時、近くに造山帯は存在せず、炭酸塩岩を氷河堆積物が覆う様子が内陸側へ四〇〇キロメートルにもわたって追跡できる」ことから、山岳氷河の可能性を否定した。

現在でも、アフリカ大陸最高峰のキリマンジャロ山（五八九五メートル）は赤道直下に位置するが、その山頂には氷河が存在する。したがって、赤道域に氷河堆積物が存在したとしても、それは山岳氷河によるものではないか、という反論がくるであろうことは、最初から想定内のことであった。実際、ホフマン博士らの論文には、山岳氷河の可能性は排除できるということが、はっきりと明記されていた。

ホフマン博士らは、反論の最後で「スノーボールアース仮説は、低緯度氷床の存在、縞状鉄鉱床の存在、キャップカーボネートの存在、炭素同位体比の負異常、といった原生代後期の氷河堆積物にみられる顕著な特徴を統一的に説明できるが、ジェンキンス博士とスコテーゼ博士らはそれに代わるアイディアを何も出していない」と一蹴した。

科学者の論争というものは、常に冷静で論理的に行われるように思われるかも知れない。確かに論理的であることは必要不可欠なのだが、実際にはこのようにかなり辛辣で激しいやりとりが行われる場合が多いのだ。

2　地球は横倒しになっていた？

ホフマン博士らは、スノーボールアース仮説に対する反論に、ただ受け身でいたわけではなかった。原生代後期の氷河堆積物を以前から研究しており、その解釈としてまったく違う仮説を唱えているジョージ・ウィリアムズ博士に対しては、自ら批判の口火を切った。

そもそも、低緯度氷床の存在が確実視されるようになったのは、ウィリアムズ博士らが一九八六年に発表した論文の内容にカーシュビンク博士が疑問を持ち、古地磁気学的な検証を行ったことによるものだった。しかし、低緯度氷床が存在していた可能性自体は、実はもっと以前から示唆されていたものだった。ただ、約七億～六億年前という大変古い時代の岩石から得られた情報が果たして本物なのかどうかを判断することは難しく、万人を納得させることができなかったのだ。これは、前述の通り、古い時代の岩石は形成時の情報を失っている可能性が高く、現在みているものが二次的な情報である可能性を排除できないためである。

ウィリアムズ博士らは、南オーストラリアに露出する原生代後期の氷河堆積物からなるエラティナ層を、以前から詳しく調べていた。そして、この地層が低緯度において形成されたものだという確信を持っていた。さらに、オーストラリア、南アフリカ、西アフリカ、中国などに分布する同時代の氷河堆積物もみな低緯度で形成されたらしいことを知っていた。ところが、なぜか高緯度で形成されたものは存在しない。彼はこの点に注目した。

これは確かに非常に不思議なことである。低緯度で形成された氷河堆積物が存在するというだけでも奇妙なのに、その一方で、高緯度で形成された氷河堆積物が存在しないということは、低緯度よりも高緯度の方が温暖であったということを意味するようにもみえる。果たしてそんな気候分布がありえるのだろうか？　つまり赤道付近よりも北極や南極の方が温暖だというのだ。

実は、そのようなことも決して不可能というわけではないのである。当時の地球の自転軸が五四度以上傾いていたと考えればよいのだ。

現在の地球の自転軸は、公転面から二三・四四度傾いている。この傾きは約四万年周期で一度程度の増減を繰り返しており、それが太陽からの日射の緯度分布を変える。それが氷期・間氷期サイクルを引き起こす要因のひとつにもなっている。しかし、たとえば火星の場合、現在の自転軸傾斜角は地球とほぼ同じ二五・一九度だが、地球と違って非常に大きく変動すると考えられ、最大で六〇度くらい傾いていた可能性が推定されている。当然、火星にも氷期・間氷期サイクルがあり、火星の気候は、ごく最近においても大きく変動している、と考えられるようになってきた。

このように、自転軸傾斜角が大きく変動するというのは、実は惑星の一般的な性質である。ただし、地球の場合には、大きな衛星（月）を持っているためにその変動幅が小さく抑えられているのだと考えられている。しかしながら、遠い過去において、地球の自転軸の傾きが現在と大きく異なっていた可能性は本当にないのだろうか。

現代の惑星形成論によれば、惑星形成の後期過程において、火星サイズ（地球質量の一〇分の一程度）の原始惑星がいくつか形成され、それらが互いに巨大衝突を起こすことで地球型惑星が形成されたと考えられる。そして、地球の衛星である月は、最後の巨大衝突の際に放出された物質が集まって形成されたのではないかと考えられている。そのような巨大衝突の結果、地球の自転軸が横倒しになったとしても不思議はない。実際、天王星は自転軸がほぼ完全に横倒しになっているが、これも巨大衝突の結果ではないかという説もある。

仮りに地球の自転軸が形成以来ずっと大きく傾いていたとすれば、どうなるのだろうか。現在の年平均の日射量は、赤道が一番大きく、極が一番小さい。ところが、自転軸の傾斜角を次第に大きくしていくと、五四度を境にこの関係が変わるのである。すなわち、年平均日射量は、赤道よりも極で受け取る量の方が大きくなる。したがって、このような条件下では、低緯度よりも高緯度の方が温暖な気候になる可能性が示唆される。それこそまさに、原生代後期の氷河時代を説明できるのではないだろうか。

ウィリアムズ博士は、実は、一九七〇年代からこのような仮説を主張していた。これは、低緯度氷床が存在したことの解釈としては、スノーボールアース仮説と真っ向から対立する仮説である。しかし、この仮説もスノーボールアース仮説にさらに輪をかけて荒唐無稽な印象を与え、周囲の研究者からは受け入れられずにいた。なぜならば、少なくとも顕生代においては地球の自転軸は現在とあまり変わらなかったらしいので、原生代後期の氷河時代が終わるとともに地球の自転軸が急に直立したことになるが、そんなことは力学的に可能とは思われないからである。

ホフマン博士らの論文が発表された同じ一九九八年、ジョージ・ウィリアムズ博士と同姓のダレン・ウィリアムズ博士らによる論文が『ネイチャー』誌に掲載された（紛らわしいことに同姓なので、ジョージ・ウィリアムズ博士の論文だとよく間違われる）。それは、地球が誕生してから原生代後期まで自転軸は大きく傾いていたとして、ある条件が満たされれば、それが原生代後期氷河時代後の一億年程度で直立することは力学的には不可能ではない、というものだった。つまり、ジョージ・ウィリアムズ博士の主張は、まったく非現実的でもないということになる。

ホフマン博士らは、これを受けて、ジョージ・ウィリアムズ博士の大きな自転軸傾斜角説に対する反論を『ネイチャー』誌に投稿した。地球が受け取る日射量は、自転軸傾斜角が大きくなるほど、季節変化も大きくなる。たとえば、極端な例として、自転軸傾斜角が九〇度、すなわち、地球が完全に横倒しになった状態を考えてみよう。この場合、自転軸が太陽に向いている時期があり、そのときには太陽に向いている側の極域は完全な白夜になる。その間は、太陽が一日中ずっと真上で輝き続ける。しかし、半年後には極夜、つまり太陽が一日中沈んだ状態が続く。日射量はゼロである。夏と冬では、受け取る日射量に極端な差がある。このとき赤道域はどうなるだろうか。自転軸が太陽方向の時期には日射量はゼロだが、太陽が真上にくる季節も二回ある。この季節には、赤道域が受け取る日射量はかなり大きい。つまり、赤道域も、受け取る日射量に極端な季節変化がある。

氷床が成長するためには、冬に積もった雪が夏を越して融け残ることが重要である。そうでなければ、冬にどんなに雪が積もったところで、雪氷の年間を通じた正味の成長量はゼロだからである。自転軸傾斜角が大きくなればなるほど、日射量の季節コントラストが大きくなるため、雪氷は夏を越すことが困難になる、つまり氷床は成長しにくくなる可能性が高いといえる。ホフマン博士らは、この点を指摘したわけである。

さらに、ジョージ・ウィリアムズ博士の仮説は、低緯度氷床の存在が説明できるかも知れないというだけで、それ以外の原生代後期の氷河堆積物の特徴、すなわち縞状鉄鉱床やキャップカーボネート、炭素同位体比の負異常についてはまったく説明できないので、仮説としては大いに劣る、と主張した。

これに対して、ジョージ・ウィリアムズ博士が反論した。南オーストラリアのエラティナ層には、「サンドウェッジ」と呼ばれるくさび形の構造がみられる。これは現在の北極圏や南極などでも観察されるもので、永久凍土が季節的な凍結融解による収縮と膨張を繰り返すことによって地面に亀裂ができ、そこへ風で運ばれてきた砂がたまる、というプロセスで成長したV字型の構造である。しばしば数メートルにも成長する。このような地形がみられるということは、当時の気候が寒冷で、季節変化がきわめて大きく、しかも年平均降水量が一〇〇ミリ以下という乾燥気候であり、風が強かったことを示唆する。

彼は、サンドウェッジの生成には、季節変化が大きいことが重要であり、それは自転軸傾斜角が大きいことと調和的であると述べた。そして、エラティィナ層が形成されたのは当時の赤道域だったことを考えると、全球凍結したとするスノーボールアース仮説では、季節変化がほとんどないはずの緯度なので、説明することはできないと主張した。さらに、スノーボールアース仮説は大陸すべてが氷床に覆われると考えるのだから、海水準の著しい低下が生じたはずであるが、地質記録からすると、当時そのような大規模な海水準の低下は知られていないことを指摘した。

しかし、ホフマン博士らは決して負けてはいなかった。彼らは、オーストラリアのマリノアン氷河時代の地層には不整合（海水準の低下などによって、堆積作用が生じなくなった時期を反映した地層）が顕著にみられ、大規模に切り込まれた水路の跡は、当時の海水準の低下が少なくとも一五〇メートル以上であったことを示していると主張した。そして、それは顕生代の氷河時代における海水準の低下を上回っており、さらに大陸自体が氷床の重みで沈降していたはずであることを考えあわせると、当時の海水準の低下は非常に大きかったことが示唆されると主張した。また、季節的な凍結融解による構造については、ハワイやキリマンジャロ山にアイスウェッジが形成されている事実を挙げ、赤道域にあっても日変化で同様の構造が形成されるとした。

実際、米国ミシガン大学のジェイムズ・ウォーカー博士は、全球凍結した地球は、海洋が凍結しているために、むしろ季節変化が大きくなることを示した。現在の地球は、陸地と比べて熱容量の大きい海洋の存在によって、夏と冬の気温変化が小さくなっている、という側面がある。しかし、全球凍結下では地表の水はすべて凍っているため、日射量の季節変化が直接気温変化に反映され、季節的なコントラストが大きくなるのだという。そして、赤道域において凍結融解過程が生じる可能性もあるようだ。

そもそも、地球の自転軸がずっと横倒しであったとすると、地球誕生以来約四〇億年間にわたって、地球は常に極域が暖かく赤道域が寒いという状況だったはずである。しかし、そのようなことを示唆する地質学的証拠は知られていない。また、この仮説では、キャップカーボネートや縞状鉄鉱床が形成されたことを説明できない。

さらに、氷河堆積物が当時の低緯度に多く形成されているのに対し、高緯度で形成されたものがない、という問題については、当時の大陸配置によって説明が可能である。すなわち、かつての超大陸ロディニアは、ほぼ赤道を中心に形成されていたのである。つまり、当時はそもそも高緯度には大陸が存在していなかったのである。そうであれば、高緯度に大陸氷床が存在しないのは当然である。わざわざ自転軸傾斜角が大きかったと考える必要はなくなる。そうしたわけで、この仮説は、大変ユニークでおもしろいものではあるが、積極的に支持する研究者はほとんどいないのである。

3　生物はどうやって生き延びたのか

スノーボールアース仮説に対する批判のなかでもっとも説得力のあるものは、古生物学者から発せられた。

仮説によれば地表面はどこでも氷点下で、液体の水は存在できない。ましてや、海洋表層約一〇〇〇メートルが凍結してしまうような途方もない状況では、光合成生物が活動することは不可能である。しかも、そんな状況が数百万年以上も続くと予想されるのである。これでは、当時、地球上に生息していた生物の大部分は絶滅してしまう可能性が高い。

とりわけ大きな問題は、いまから数億年前の原生代後期には、すでに真核藻類《しんかくそうるい》が誕生していたということである。真核藻類というのは、真核生物のなかまで、光合成を行うことのできる緑藻や紅藻などのことである。真核生物というのは、私たち人類を含むすべての動物や植物を含む生物群のことである。細胞内に膜で覆われた細胞核を持っているという特徴が、バクテリアなどを含む原核生物との大きな違いだ。バクテリアよりもずっと複雑な生物である真核藻類が、原生代後期の氷河時代を生き延びたという事実があるのだ。しかも、ただの氷河時代ではない。地表の水がすべて凍りつく、スノーボールアース・イベントだ。いったい真核生物はどうやって生き延びたのだろうか？

原核生物のなかまである古細菌には、高温や高圧、高塩分などの極限環境にも耐性のある生物が多く属している。そうした、極限的な環境に耐性を持つような生物ならば、地球全体が凍結しても生き延びることができたかも知れない。しかしながら、真核生物がそのような過酷な条件を生き延びることができたとはとても考えにくい。

通常の海洋において、太陽光が透過できるのは海面からたかだか一〇〇～二〇〇メートル程度である。海洋表層約一〇〇〇メートルが数百万年にわたって凍結してしまうスノーボールアースの条件を考えると、光合成を行う藻類が活動することはほとんど不可能だといえる。また、海洋表層が完全に氷で閉ざされた場合、海洋深層水は急速に無酸素状態になると予想される。真核生物はその生存に酸素を必要とするので、そのような環境を真核生物が生き延びることは難しい。

さらに困難な問題がある。「分子時計」を用いた推定結果である。分子時計というのは、生物のDNAの塩基配列やタンパク質のアミノ酸配列の比較を行うことによって、生物間の系統関係や分岐年代を推定する方法である。そのような研究によれば、いまから約十数億年前にはすでに多細胞動物が出現していたとされているのだ。つまり、多細胞動物も原生代後期の全球凍結を生き延びたことになるが、そんなことは到底考えられない。

このように、全球凍結によって海洋表層が長期間にわたって完全に凍結したとすると、それ以前に出現していた藻類や多細胞動物などの真核生物が生き延びることが説明できない、ということが大きな問題となるわけである。これはスノーボールアース仮説における最大の争点でもある。ホフマン博士らもこの問題は当初から気にしており、彼らの論文においても、一番考えられそうな解決策について言及されている。それは、地球全体がほぼ完全に厚い氷で覆われていたとしても、実際には、必ずしも地球表面に液体の水が存在できないわけではない、というものである。たとえば、現在のハワイやアイスランドのようなホットスポット地域や日本列島のような海洋プレートの沈み込み帯などの火山活動が盛んに生じる場所においては、高い地殻熱流量によって局所的に氷が融け、温泉など液体の水が存在できる環境が実現されていた可能性が十分考えられる。

原生代の地球上においても、当然、火山活動が生じていたはずである。したがって、たとえ当時の地球がスノーボールアース状態に陥っていたとしても、生物にとってのこのような避難所が、地球表面のあちこちに存在していた可能性は高い。生物は、そうした場所で細々と生き延びることができたかも知れない。

ただし、これは考えられる可能性のひとつ、ということである。地球上のどこかにそのような液体の水が存在していたという可能性は非常に高いと思われる。しかし、全球凍結は数百万年間にも及ぶ。個々の場所での熱の供給が、たとえば数十万年程度しか継続しなければ、生物の持続的な生存が可能かどうかは分からない。

以下では、真核生物の生存問題を解決し得るほかの可能性について考えてみたい。

4　ソフトかハードか

第二章でも述べたエネルギーバランス気候モデルによれば、もし低緯度に大陸氷床が存在しているとするならば、それはすなわち地球は全球凍結しているということを意味する。

しかし、このモデルは大気や海洋の運動は考慮しておらず、エネルギーの収支のみを扱う、現実をかなり単純化したモデルだ。したがって、地球がその通りに振る舞うかどうかは分からない。

たとえば、もともと雨も雪も降らないような乾燥域は、氷に覆われないかも知れない。あるいは、海洋全体が先に氷で覆われてしまえば、水蒸気の供給がほとんどなくなってしまうので、そもそも低緯度の大陸上に大きな氷床が形成されるかどうかも疑わしい。

このモデルでは、ほかにも海洋や氷床、海氷の挙動など、考慮されていないプロセスがたくさんある。現実の地球システムは、これまで述べてきた以上に複雑な振る舞いをする可能性が十分あるのだ。

実際、より複雑な気候モデルを用いた研究によれば、「大陸はすべて氷床に覆われるが、熱帯域の海洋は凍結しない」という状態があり得ることが示唆されている。米国テキサスA&M大学のウィリアム・ハイド博士らの主張だ。

これは、気候が寒冷になると海からの水蒸気の蒸発量が非常に少なくなるため、雲の量が大幅に減少し、地球が受け取る太陽放射が増えるという、負のフィードバック効果が働くためらしい。そのほか、海洋循環と呼ばれる海洋の流れが全球凍結を妨げる役割を果たし、海氷が中低緯度にまで発達できない、ということもあるらしい。これらは、単純な気候モデルでは考慮できなかったプロセスである。

もちろん、大気中の二酸化炭素濃度をもっと低くすれば、熱帯域の海洋も海氷に覆われ、地球は全球凍結するはずである。しかし、「条件によっては、熱帯域の海洋が凍らない場合がある」、という点が重要なのである。というのも、これは生物の生存には非常に好都合だからである。もし海洋の一部でも凍結を免れた領域が存在するのだとすれば、生物はそこで生き延びることができるからだ。まさに、生物にとってのオアシスである。もし、「大陸は氷で覆われたが海洋は完全には凍結しなかった」のであれば、真核生物が原生代後期の氷河時代を生き延びることは十分可能である。この考えは、古生物学者には大変好意的に受け入れられた。

このような概念は、「ソフト・スノーボールアース」と呼ばれている。これに対して、海洋も含めて地球全体が完全に凍結してしまうという、カーシュビンク博士やホフマン博士らが主張するオリジナルの概念を、「ハード・スノーボールアース」と呼ぶ。現実に生じたのは「ソフト」か「ハード」か、大きな論争になっている。

既に述べたように、ソフト説は真核生物が生き延びたことを説明するためには大変都合がよい。しかし、この場合には、原生代後期氷河時代の地質学的証拠といろいろ矛盾が生じてしまう。

たとえば、ソフト状態では、大気と海洋の間でガス交換が行われることになるため、ハード説では説明可能とされた縞状鉄鉱床やキャップカーボネートの形成を説明することは難しい。また、ソフト状態から脱出するために必要な大気中の二酸化炭素濃度は、現在のたかだか三・五〜四倍程度でよい。つまり、一〇五〇〜一二〇〇ｐｐｍくらいだ。これも、キャップカーボネートの成因とは矛盾するだろう。

さらに、その程度の二酸化炭素量を火山活動によって蓄積するために必要な期間は、現在の二酸化炭素の脱ガス率を仮定すると一〇万〜五〇万年間程度ということになり、ソフト・スノーボールアースの継続期間は非常に短いことになる。しかし、これは地質学的証拠に基づいて推定されているスターチアン氷河時代の継続期間（数百万〜一〇〇〇万年間程度）とは大きく矛盾する。

このように、ソフト・スノーボールアース説は、真核生物が原生代後期の氷河時代を生き延びたことを説明できるという点では都合がよく、気候学的な新しい発見という意味において大変興味深いものの、原生代後期の地質学的証拠と本当に整合的といえるのか疑問が残る。しかも、これでは、原生代後期の氷河堆積物特有の不思議な特徴を統一的に説明できる、というスノーボールアース仮説のメリットが失われてしまうわけで、元も子もないように思われる。

カーシュビンク博士やホフマン博士らは、当然、ハード・スノーボールアース説を主張している。しかし、真核生物が生き延びたこととの十分な説明がまだ足りないことは否めず、ソフト・スノーボールアース説が完全に葬られたわけではない。

5　答えは南極大陸に

実は、これとはまったく異なる見地からのアイディアが、スノーボールアース仮説が発表されてまもなく、米国のNASAエイムズ研究センターのクリストファー・マッケイ博士によって提唱された。そのアイディアは、二〇〇〇年に米国テキサス州ヒューストンで開催された月惑星科学シンポジウムで発表された。

実は、この年、私もその同じシンポジウムでスノーボールアースに関する研究の発表を行ったのだが、このような惑星科学分野のシンポジウムにおいて、私以外にもスノーボールアースに関する発表があることには正直驚いた。しかし、それがマッケイ博士だと知って、なるほどと納得した。マッケイ博士は、長年南極において極限環境下の生物に関する研究を行ってきた、惑星科学やアストロバイオロジーなど幅広い分野で活躍している研究者で、「テラフォーミング」という、火星を地球のような環境に改造する技術に関する研究でも有名である。

マッケイ博士のアイディアは、南極に関する研究から得られたものであった。それは、たとえ地球が全球凍結したとしても、氷の厚さがある程度薄ければ（たとえば、数十メートル程度であれば）、藻類が生存できるのではないか、というものだ。氷が薄くて透明ならば、太陽光が氷を透過し、氷の下で藻類が光合成を行うことが可能だからである。

南極のロス海に面したヴィクトリアランドには、ドライバレーという、氷に覆われていない非常に乾燥した地域がある。南極の砂漠とも呼ばれ、地球上で最も火星に似ている場所だともいわれている。ドライバレーの年平均気温はマイナス二〇度であり、湖には万年氷がはっている。その氷の厚さは、地殻熱流量を考慮すると三〇〇メートル程度になるはずだ。ところが、実際の氷の厚さはたかだか五メートル程度しかない。これはいったいどうしてだろうか？

実は、ドライバレーは乾燥していて雪がほとんど降らず、湖水の冷却によって氷がゆっくりと形成されるため、氷が非常に透明なのだ。そのため、太陽光は氷を透過することができる。これによって、氷内部に熱が供給されることになる。

さらに、氷の表面では昇華（固体から、液体状態を経ずに、直接気体になること）によって氷が減るのだが、氷の底面ではそれを補うように湖水が凍る。その際、氷の底部で潜熱が放出される。こうしたプロセスによって、氷内部には地殻熱流量よりもずっと大きな熱の流れが形成される。その結果、氷は非常に薄い状態を保っているらしい。そして、氷の下では、なんと植物プランクトンが光合成を行っているというのである。

地表に到達する太陽光のうち、生物の光合成に重要な波長四〇〇〜七〇〇ナノメートルの光が湖の万年氷の下まで透過する割合は一〜五パーセントである。光合成が可能な光の限界値は太陽光の〇・〇五パーセント程度なので、氷の下でも十分光合成が可能なわけである。原生代後期の太陽光度が現在より約六パーセント低かったとしても、当時の赤道域は現在の南極より三〜四倍も大きな日射を受け取っていたはずである。したがって、これらのプロセスを考慮すれば、全球凍結下でも薄い氷が形成された可能性があるのだ。

南極においては、一般に、湖の氷は非常に厚く発達する。これは、通常、氷は雪に覆われており、太陽光が表層の数センチメートルで散乱されて内部まで透過できないためである。しかし、降雪のほとんどない、氷の昇華が卓越するような場所では、氷はこのように透明で薄いのである。だから、全球凍結下の地球においても、少なくともそのような乾燥域においては、透明で薄い氷が維持され、生物は氷の下で光合成を行うことができた可能性が考えられるというわけである。

マッケイ博士は、そのような氷のエネルギー収支を詳しく検討した結果、赤道域の気温がマイナス四五度よりも高ければ、厚さ三〇メートル以下の薄い氷が維持されることを示した。光合成が不可能になる限界まで太陽光が減衰する氷の厚さは三〇メートル程度なので、もしそのような薄い氷が形成されたならば氷の下で光合成活動が可能である、ということになる。すなわち、地球が完全に凍結しても、生物は氷の下で生き延びることができた可能性があるのだ。

ただし、薄い氷は、高緯度の厚い氷の存在によって、必ずしも安定ではないかも知れない。というのは、氷が数百メートルもの厚さになれば、通常の海氷と同じに考えるわけにはいかなくなるからである。むしろ、大陸氷河のように、氷内部の変形や水平方向への流動を考慮しなければならなくなるだろう。それはもはや海氷というよりも、「海氷河」とでも呼ぶべきもので、現在の地球上には存在しない代物である。

そのような海氷河の挙動を考えると、当然、海氷は高緯度の方が低緯度よりも厚くなるはずなので、高緯度から低緯度へ海氷河が流動してきて赤道域が厚い氷で覆われてしまい、実際には薄い氷は存在することができなくなるという可能性も考えられなくはない。

この考え方に立てば、前述のソフト・スノーボールアースも決して安定ではない。たとえ低緯度域の海洋が凍結を免れたとしても、海氷河の流動によって、最終的にはすべて氷で覆われたハード・スノーボールアースになってしまうことが示唆される。

ただし、そのような場合においても、陸地で囲まれた現在の地中海のような場所や大きな湖などでは、外洋からの海氷河の進入が阻まれ、薄い氷が存在可能だろう。たとえば、もし現在の地球が全球凍結した場合、地中海のほか、ペルシア湾や紅海、メキシコ湾、カリブ海、ジャワ海などは、このような「スノーボール・オアシス」になる可能性がある〈図13〉。

そういう状況が原生代後期の全球凍結下において本当に実現されていたかどうかは、もちろん分からない。しかし、現実の地球システムの複雑な振る舞いを考えた場合、ひとつの可能性としては大変におもしろい仮説だといえるであろう。

このように、全球凍結が生じても真核藻類が生存できそうないくつかの可能性が提示されている。まだ完全には合意が得られてはいないものの、原生代後期のスノーボールアース・イベントを真核藻類が生き延びた事実は、何とか説明がつくのではないか、という期待が持てる。

面白いことに、現在の極域に生息するシアノバクテリアは、極低温に耐性がある一方で、成長

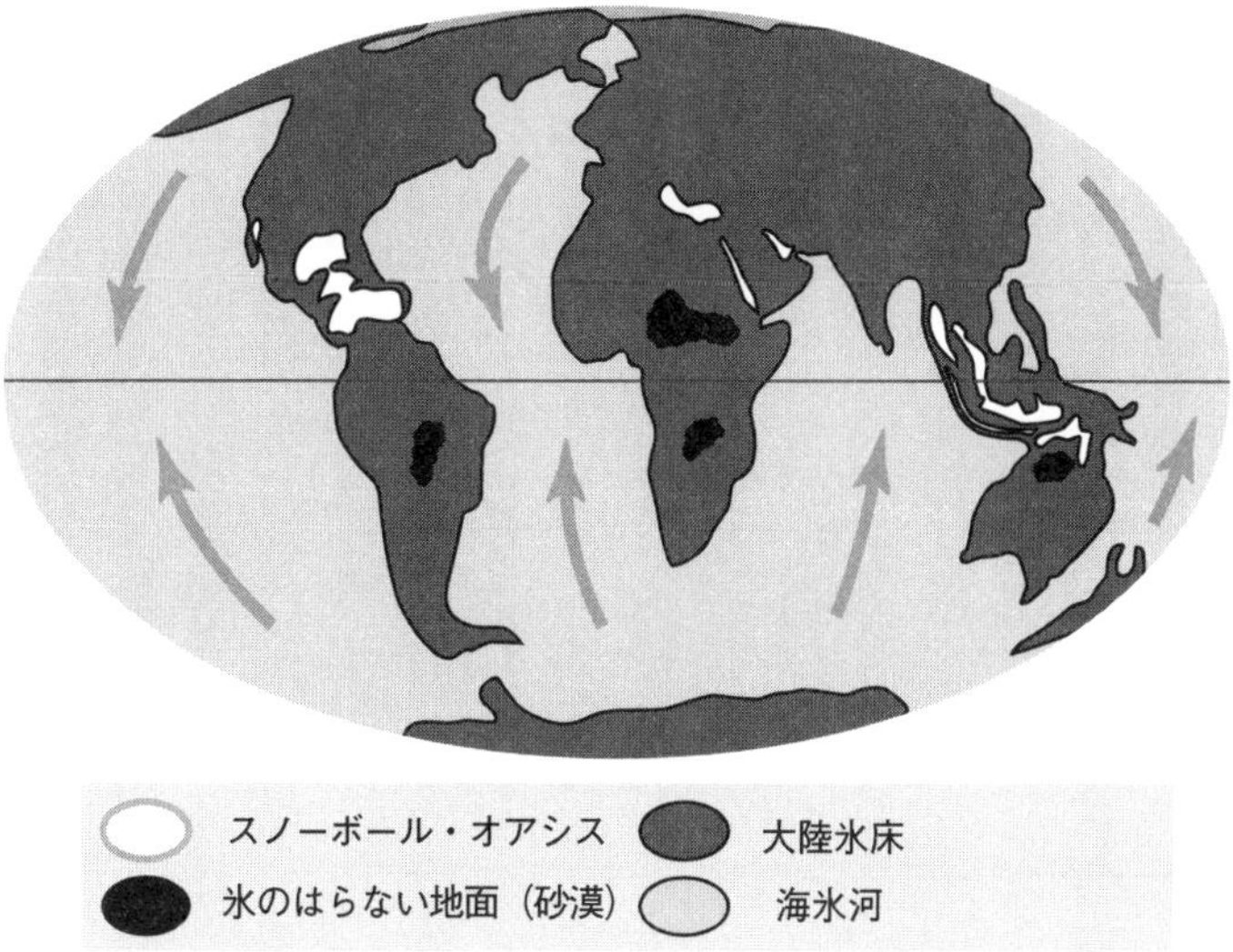

〈図13〉現在の地球が全球凍結したらどうなるか（想像図）。
陸地で囲まれた現在のメキシコ湾や地中海のような場所や大きな湖などでは、外洋からの海氷河の進入が阻まれ、薄い氷が存在可能な「スノーボール・オアシス」になるかも知れない。（出典：www.snowballearth.org）

の最適温度は非常に高いという。

シアノバクテリアも原生代後期のスノーボールアース・イベントより前から存在していたわけだが、現在地球上にみられるシアノバクテリアは全球凍結イベントを生き延びた直系の子孫だと考えれば、現在このような性質を持っている理由を説明できるかも知れない。

6　なぜ全球凍結したのか

そもそも、なぜ地球は全球凍結状態に陥ってしまったのだろうか？　この、最も重要かつ興味ある問いの答えは、残念ながら、まだよく分かっていない。ほぼ間違いないことは、全球凍結は大気の温室効果の低下によって生じたということだ。問題となる温室効果気体は、二酸化炭素かメタンのどちらかだと考えられる。二酸化炭素濃度が低下したのだとすれば、その原因として考えられるのは、火山活動の低下か有機炭素の埋没の増加、またはその両方だろう。

原生代後期（約六億年前頃）の炭素循環はよく分かっていない。しかし、前述のように、原生代後期における海水の炭素同位体比は非常に特徴的な挙動を示すことが知られている。氷河時代の前に炭素同位体比が非常に大きくなるのだ。このことは、氷河時代の前に大量の二酸化炭素が有機炭素として固定されたことを意味する。そこで、これが全球凍結の引き金になったのではないか、という可能性が指摘されている。

私は、数値モデルを用いてこの可能性の検証を試みた。その結果、二酸化炭素の脱ガス率が現在と同じであると仮定した場合、原生代後期の地球はきわめて温暖な気候を保ちながら変動していたことになる、という結果が得られた。これは、当時はまだ陸上植物が出現しておらず、地表面の風化効率が非常に悪かったことによるものである。風化効率が悪いので、現在と比べて同じ温度での風化率（すなわち、二酸化炭素の消費率）は小さい。それにもかかわらず地球表層への正味の二酸化炭素の供給が現在と同じだとすると、二酸化炭素の供給と消費をバランスさせるためには、きわめて温暖な気候になり、風化を促進する必要がある。

しかし、これでは全球凍結が生じるはずもなく、実際の地質記録とは矛盾する。したがって、二酸化炭素の脱ガス率は、氷河時代直前には低下していたと考える必要がある。具体的には、二酸化炭素の脱ガス率が現在の四分の一程度以下になると、有機炭素埋没の増加との相乗効果によって、全球凍結が生じることが分かった。つまり、全球凍結するためには火山活動が弱まって二酸化炭素の脱ガス率が低下する必要があるということになる。

残念ながら、原生代後期の火山活動の変動はよく分かっていない。まして、当時の二酸化炭素の脱ガス率を推定するのは難しい。したがって、実際にこれが本当の原因だったのかどうか断定はできない。

さらに、原生代後期の全球凍結の原因を考える上で、決して無視することのできない問題がある。全球凍結直後には海水の炭素同位体比が低下する、ということはすでに述べた。炭素同位体比が火山ガスと同じ値にまで低下したことは、生物の光合成活動が完全に停止したためだ、と考えられた。ところが、この炭素同位体比の低下は、実はマリノアン氷河時代の前から始まっているのだ。

氷河時代以前の海水の炭素同位体比は、五〜一〇パーミル程度と非常に高い。それが氷河堆積物の直下、つまり氷河時代の直前において、急速に低い値へと変化する。その変動幅は、実に一〇〜一五パーミルにも達する。しかもこれはナミビアだけでみられるのではなく、オーストラリア、カナダ、中国、スコットランド、スヴァールバル諸島など世界中で確認されているのだ。ということは、これは全地球規模の現象であることを意味する。海水の炭素同位体比のこのような急速で大規模な変化は、他に類例を見ない。いったい、何が起こったのであろうか？　これは大きな謎である。というのも、炭素同位体比の低下は、全球凍結とは矛盾するからである。

たとえば、炭素同位体比が低下することのもっとも単純な解釈として、全球凍結直前の環境はきわめて寒冷なため、生物の光合成活動がだんだん停滞していき、炭素同位体比の値が火山ガス組成に近づいていったのだ、というものがある。ホフマン博士らの最初の論文において、このような主張がなされた。

しかし、これはよく考えてみるとおかしい。なぜならば、全球凍結直前の気候は非常に寒冷なので、大陸の風化が効率的に生じず、炭酸塩鉱物として二酸化炭素が固定されなくなっているからだ。この上さらに生物の光合成活動まで起こらなくなったのだとすれば、二酸化炭素はまったく固定されないことになる。したがって、海水の炭素同位体比が火山ガス組成に近づくという事実は、火山ガスの供給によって大気や海洋に二酸化炭素が蓄積したことを意味する。二酸化炭素量が蓄積すれば、もちろん、温室効果の増大によって地球は温暖化する。これでは地球が全球凍結に陥るということとはまったく正反対の結果になってしまうではないか。全球凍結直前に海水の炭素同位体比が低下しているという事実は、全球凍結の原因と何らかの関係があることは間違いない。すなわち、この謎を解くことが、全球凍結が生じた真の原因を解明する鍵を握っているといえるのだ。

実は、この謎を説明できるかも知れない唯一の仮説がある。それは、「メタンハイドレート」

が全球凍結をもたらしたというものだ。メタンハイドレートとは、水分子でできたかごの中にメタン分子が閉じこめられたような固体物質で、「燃える氷」として知られている。メタンハイドレートは、低温かつ高圧という条件で安定に存在する。そのような条件を満たす場所は、たとえば陸上の永久凍土層や海底堆積物である。

一九三〇年代、シベリアにおいて天然ガスのパイプラインが詰まるトラブルが発生した。調査した結果、原因はパイプラインの内部に混入した水分の凍結によるものだということが分かったのだが、それはただの氷ではなく、メタンハイドレートだった。いまでは、メタンハイドレートは世界中の大陸周辺の海底堆積物中に存在することが分かっている。日本近海にも大量のメタンハイドレートが存在していることが分かっており、化石燃料に代わる未来のエネルギー資源候補のひとつと目されている。

メタンの起源は、もともと海底に堆積した有機物が分解されたもので、熱分解またはメタン生成バクテリアの活動が関わっている。とくにメタン生成バクテリアの活動が関与すると炭素の同位体比は非常に大きく変化し、マイナス七〇パーミルという低い値を示す。これは、海水の〇パーミル、火山ガスのマイナス六パーミル、有機炭素のマイナス二五パーミルなどよりも、はるかに小さな値である。原生代後期には、大量の有機炭素が埋没していたことが示唆される。この有機炭素を原料として、メタンハイドレートが大量に形成されていた可能性は高い。このメタンハイドレートが数十万年以上にわたって持続的に分解し続けるとどうなるだろうか？

メタンハイドレートは、温度圧力条件が変化して熱力学的に不安定になると分解する。メタンは二酸化炭素の約二〇倍もの温室効果を持つため、もし大気中に放出されれば急激な温暖化をもたらすことになる。実際、そのようなイベントによって大量のメタンが大気中に放出され、急激な温暖化と海洋生物の絶滅が生じたという、約五五〇〇万年前の事例が知られている。

メタンハイドレートが持続的に分解すれば、大気には常にメタンが供給されることになる。メタンは大気上層ですみやかに二酸化炭素に変化してしまうが、常にメタンの供給が続いていれば、大気中の濃度はかなり高くなる。きわめて低い炭素同位体比を持つメタンの影響によって、海水の炭素同位体比は低下することになる。その一方、メタンの強い温室効果によって温暖化が生じる。その結果、ウォーカー・フィードバックがはたらいて、大気中の二酸化炭素濃度は低下する。

一方で、メタンハイドレートがずっと分解し続ければ、いくら大量にあっても、いずれは枯渇する。そうなれば、メタンの供給は停止する。大気中のメタンは寿命が短いため、すみやかに酸化され、消失してしまう。すると、大気の温室効果が突然失われることになる。二酸化炭素の濃度はすでに低下しており、増加するには一〇万年以上の時間が必要だ。したがって、地球は瞬く間に全球凍結に陥ってしまう可能性が考えられる。この場合、全球凍結直前まではきわめて温暖なのに、あるとき突然、全球凍結に陥ってしまう、というあまりにもドラマチックな気候変動が生じることになる！

このように考えれば、マリノアン氷河時代の直前にみられる炭素同位体比の不思議な挙動を説明できるばかりでなく、全球凍結が生じたことも説明することができる。これが、いまのところ原生代後期氷河時代直前の炭素同位体比の不思議な挙動を説明することのできる唯一の仮説である。ホフマン博士や、同僚のダニエル・シュラーグ博士らが主張している仮説だ。

しかし、メタンハイドレートが数十万年間にわたって「持続的に」分解し続けていたとするのには疑問がある。メタンハイドレートの大規模分解は「イベント」的に繰り返されたと考えるのが自然ではないだろうか。もしメタンハイドレートの大規模分解が一〇年以上の時間間隔で生じた場合、メタンはすみやかに二酸化炭素に分解されてしまうため、メタンによる温暖化は短期的で限定的な影響しか及ぼさないことになる。逆に、もしメタンハイドレートが海底で持続的にじわじわ分解する場合には、メタンは海水に溶け込み、海洋表層で酸化され、大気には放出されない可能性もある。

そんなわけで、これは炭素同位体比の低下の謎を説明できる唯一の仮説とはいえ、私としてはいまひとつ納得がいかない。

全球凍結に陥った原因の解明は、地球環境の安定性を理解するための鍵を握るという意味でも、将来ふたたび地球が全球凍結する可能性があるのかどうかを考える上でも大変重要であり、今後に残された大きな課題である。

第五章　二二億年前にも凍結した

1　地球と生物の共進化

これまで、約七億～六億年前の、原生代後期におけるスノーボールアース・イベントを中心に話をしてきた。この時期、地球は二度にわたって全球凍結を経験したのである。実は、全球凍結イベントは原生代前期の約二二億年前にも起こったのではないかと考えられている。だとするならば、原生代前期のスノーボールアース・イベントも、原生代後期のものとまったく同じなのだろうか。

スノーボールアース仮説を最初に提唱したカーシュビンク博士は、多くの研究者が原生代後期の氷河堆積物に注目するなか、ひとり南アフリカ共和国に分布する太古代から原生代前期にかけての、非常に古い地層に注目した。その地層は、氷河堆積物が洪水玄武岩に覆われているという特徴を持つ。

洪水玄武岩とは、文字通り、流動性のよい玄武岩質の溶岩が洪水のように大量に噴出するという、超大規模な火山活動によってつくられた岩石のことである。火山活動といっても、そのような巨大噴火は、私たち人類はいまだ一度も目撃したことがないほどのものだ。

私たちの知っている大規模な火山噴火の例としては、ピナツボ火山の噴火がある。これは、一九九一年にフィリピンのルソン島で起こったもので、二〇世紀最大の噴火といわれている。このときの噴火は実にすさまじいもので、噴出した物質の総量は、マグマにして約四立方キロメートル（東京ドーム約三〇〇〇個分）に相当すると推定されている。噴火によって大気上空に巻き上げられた火山灰やエアロゾルのために、地球全体の気温が〇・四度低下し、オゾン層の破壊が進行するなど、地球環境に大きな影響を与えたことが分かっている。しかし、こうした通常の火山噴火によって噴出される溶岩の量はたかが知れている。

地球上には、私たちが普段目にすることのない大規模火山群が存在する。それは、海面下に隠れており、総延長が八万キロメートルにも達するような海底火山列だ。そこは、新しいプレートがつくられている場所、中央海嶺である。中央海嶺では毎年二〇立方キロメートルという膨大な量の溶岩が噴出し、新しい海底が生まれている。何千万年も経てば、生産された海底は太平洋くらいの広さになる。そして、やがては海溝において地球内部へと沈み込む。

洪水玄武岩の噴出というのは、この中央海嶺に匹敵する速度で、数百万年間にわたり、ある特定の場所で集中的に溶岩が噴出する現象である。たとえば、オーストラリアの北東沖の海底には、オントンジャワ海台《かいだい》と呼ばれる巨大な玄武岩の台地が存在する。面積は約二〇〇万平方キロメートルで日本の約五倍もある。これもまた海面下にあるので私たちは目にすることはできないが、その総体積はなんと約八〇〇〇万立方キロメートル（東京ドームの約六五〇億個分）という途方もない量である。こんなすごい火山噴火は、もちろん誰も見たことがないはずである。これは、いまから一億二〇〇〇万年ほど前の洪水玄武岩の噴出によって形成されたものだ。洪水玄武岩の噴出は、陸上・海底を問わず、地球史を通じて頻繁に生じてきたことが知られている。しかし、人類の歴史はきわめて短いため、私たちは経験しないですんでいるだけなのだ。世の中には、私たちの知らない現象がいろいろあり、過去の地球を調べてはじめてわかることが多いのだ。

洪水玄武岩の噴出は、通常の火山噴火とは異なり、地球内部のマントルで生じた高温の上昇流が、地球表面の地殻を突き破って生じる火山活動である。想像を絶する凄まじい噴火が起こったとしても不思議ではない。人類がこのような超大規模火山活動を経験しないですんでいるのは、非常に幸運なことなのだ。

そのような洪水玄武岩の噴出が、どうして約二二億年前の氷河時代に起こったのかはよく分からない。まったくの偶然かも知れないし、あるいは何らかの必然性があって生じたのかも知れない。もしかすると、この超大規模火山噴火による二酸化炭素の放出が、当時の氷河時代を終わらせた可能性もある。いずれにせよ、洪水玄武岩の噴出のおかげで、私たちはこの氷河時代についての詳しい情報を知ることができる。

たとえば、岩石に含まれているウランなどの放射性元素が、溶岩が固まってから一定の確率で壊変するという原理を利用した「放射年代測定」を行うことによって、この岩石が形成された年代が約二二億二二〇〇万年前であるということが分かった。この洪水玄武岩のすぐ上の地層にも氷河性のドロップストーンがみられることから、この氷河堆積物も約二二億二二〇〇万年前のものであるといえる。

さらに、前述のように、溶岩が冷えて固まる際には当時の地球磁場の方向が記録されるので、洪水玄武岩を用いて古緯度の推定を行うことができる。カーシュビンク博士の弟子のデビッド・エバンス博士（現在は米国エール大学助教授）が古地磁気を測定したところ、この洪水玄武岩が噴出した当時の南アフリカが位置していた場所の古緯度は、約一一度であるということが明らかになった。またもや低緯度である。このことから、約二二億年前にもスノーボールアース・イベントが生じた可能性が明らかになったのだ。

エバンス博士とカーシュビンク博士は、この発見を一九九七年の『ネイチャー』誌で報告した。ホフマン博士らがナミビア共和国での調査結果を発表する一年前のことである。

カーシュビンク博士は、この原生代前期の氷河作用から、さらに興味深い議論を展開している。彼は、洪水玄武岩のすぐ上に形成されているマンガンの鉱床に注目した。というのは、堆積性のマンガン鉱床が形成されたのは、地球史上これが初めてなのである。しかも、この「カラハリ・マンガン鉱床」は、マンガンの埋蔵量も産出量も世界最大だ。実際、日本も南アフリカ共和国から大量のマンガンを輸入しているお得意様だ。それでは、カラハリ・マンガン鉱床はいったいどのようにして形成されたのだろうか？

カーシュビンク博士が提唱しているマンガン鉱床の形成メカニズムは、第三章で述べた縞状鉄鉱床の形成メカニズムと似ている。つまり、全球凍結中に海底熱水系から放出されたマンガンイオンは海洋深層水中に蓄積し、それが全球融解にともなって海洋表層で酸素と結合することで二酸化マンガンとして沈澱した、というものだ。

しかしながら、博士はもう一歩進んで、氷河時代直後に地球史上最初のマンガン鉱床が形成されていることは、原生代前期のスノーボールアース・イベント直後に、大気中の酸素濃度が増加したことを意味しているのではないか、と考えた。つまり、全球凍結は、大気中の酸素濃度を増加させるポンプの役割を果たしたのではないか、というのである。

大気中の酸素濃度は、原生代前期の二四億五〇〇〇万〜二〇億年前の間に急激に増加した、と一般的に考えられている。酸素は、二四億五〇〇〇万年前よりも以前には大気中にほとんど存在していなかったが、それがこの時期に何らかの理由で急激に増加したらしいのである。さまざまな地質学的証拠が、そのような考えの根拠になっている。博士は、酸素濃度が急激に増加したタイミングは、まさに原生代前期のスノーボールアース・イベントの直後だったのではないか、というのだ。彼の仮説は次のようなものだった。

もともと地球の大気中には酸素がほとんど含まれていなかった。一方で、当時、大気の温室効果はメタンが担っていたのではないか、という仮説が提唱されている。メタンが数百ｐｐｍもあれば、暗い太陽のもとでもメタンの温室効果だけで地球を温暖に保つことができるのだ。ただしその場合、前述のウォーカー・フィードバックが働いて、地球の平均気温が平衡状態を保つように、二酸化炭素は低い濃度に調節される。

ところが、あるときシアノバクテリアが出現した。シアノバクテリアは、酸素を発生させるタイプの光合成をはじめて行った生物だ。シアノバクテリアの活動によって、大気中に酸素が供給されるようになると、それまで高濃度だったメタンはすみやかに酸化されてしまい、大気の温室効果は急速に失われるであろう。この結果、地球は全球凍結に陥ったのではないだろうか。原生代前期の氷河時代が、このようなメカニズムによって生じたのではないかという考えは、以前からキャスティング博士が提唱していた。カーシュビンク博士は、それがまさに南アフリカ共和国にみられる約二二億年前の氷河時代の原因だったのではないか、と考えたわけである。

これは、前述の原生代後期の全球凍結の原因となった可能性のあるメカニズムと似ているように思うかも知れない。原生代後期の全球凍結直前まで、海底のメタンハイドレートが持続的に分解してメタンを大気に放出していたが、メタンハイドレートが枯渇したため、突然メタンの放出がストップした結果、温室効果が急速に奪われて、地球は全球凍結に陥ったのではないか、という仮説だ。

実際には、約二二億年前の全球凍結の原因としてこの仮説が提唱されたのが先で、約六億年前の全球凍結の原因も同様のメカニズムだったのではないかという仮説が後からでてきたのだ。

カーシュビンク博士の仮説にはさらに続きがある。約二二億年前の太陽光度は現在の八三パーセント程度なので、全球凍結から脱出するための二酸化炭素分圧は原生代後期よりもさらに高いはずである。二酸化炭素の火山活動による脱ガスを考えると、約二二億年前の全球凍結期間はおそらく数千万年間くらい継続したと考えられる。

全球凍結中の海洋深層（海の深いところ）は、海底熱水系から鉄やマンガンのほかに、生物の生存にとっての必須元素であるリンなどが供給され、数千万年間かけて大量に蓄積する。氷が融解した後、これらの元素が海洋表層に供給されると、全球凍結をしぶとく生き延びたシアノバクテリアが、豊富な栄養塩を使って爆発的に繁殖することが期待される。その結果、大量の酸素が大気へ一気に放出され、その一部が鉄やマンガンを酸化して鉱床をつくったのではないか、というわけである。

後述するように、原生代前期氷河時代後の約一九億年前の地層から、最古の真核生物の化石が産出された。これは、少なくともその時期までに大気中の酸素濃度が増加したことを示唆するものである。このような仮説がもし正しいとすると、シアノバクテリアの誕生が原生代前期の全球凍結の引き金になった可能性があり、さらには、全球凍結の結果として大気中の酸素濃度が増加し、それが真核生物の誕生をもたらした、ということになる。実際にそのようなことが起こったのかどうかはまだ分からないが、もしこれが本当ならば、まさに地球環境と生物がお互いに影響し合いながら進化してきたという、「地球と生命の共進化」の好例だということができるだろう。

とりわけ、大気や海洋における酸素濃度の増加は、生命活動がもたらした地球環境の最大の変化であるといっても過言ではない。しかも、それは逆に生命活動にも大きな影響を与えた。次にこの問題について考えてみたい。

2　なぜ酸素濃度は急激に上がったのか

いま私たちが吸っている空気には酸素が二一パーセントも含まれている。私たちは、酸素を吸うことによって、細胞内のミトコンドリアにより炭水化物を分解してエネルギーを得ているのである。その際、水と二酸化炭素が排出される。このような生物の代謝作用を「呼吸」という。酸素が大気の主成分を占めるのは地球だけである。ほかの惑星の大気中には、酸素はほとんど含まれていない。つまり、大気中に酸素を含んでいることは、地球の大きな特徴であり、酸素発生型の光合成活動を行う生物が地球に存在することの直接的な結果である。

地球が誕生した頃の大気中には、酸素はほとんど含まれていなかった。そして、生命が誕生してからも、長い間、大気中に酸素はほとんど含まれないままの状態が続いた。前述の通り、大気中の酸素濃度は、原生代前期の二四億五〇〇〇万〜二〇億年前頃に急激に増加したと、一般的に考えられているのだ。

最近になって、この時期に酸素濃度が増加したことを強く支持する新しい二つの証拠が発見された。ひとつは「大酸化イベント」と呼ばれる炭素同位体比の正異常の発見であり、もうひとつは「硫黄同位体の質量に依存しない分別効果」の発見だ。

一九九六年、フィンランドのヘルシンキ大学教授のユハ・カルフ博士らによって、ほかの時代にはみられないほど大規模な炭素同位体比の正異常が、二二億二〇〇〇万〜二〇億六〇〇〇万年前の地層から発見された。ここで、「炭素同位体比の正異常」とは、海水の炭素同位体比が急激に大きくなる（重い炭素同位体の割合が大きくなる）現象のことだ。

生物は光合成の際に軽い炭素を優先的に細胞内に取り込む。生物の死後、光合成でつくられた有機炭素が酸素と結合して分解されずに海底堆積物中に埋没すると、海水には重い炭素が多く取り残される。その海水から沈澱した炭酸塩鉱物には、海水の炭素同位体比が記録される。その際、埋没した有機炭素量が異常に多い場合には、海水の炭素同位体比が非常に大きくなって正異常を示すことになる。ここで大事なポイントは、光合成の際には酸素が放出されるわけだから、埋没した有機炭素量が多い場合には、その分、放出された酸素の量も多いということだ。

炭素同位体比の正異常は、地球史において何度か生じたことが知られている。ところが、この時期にみられる炭素同位体比の正異常は特別である。見積もられる酸素の総生産量は、なんと現在の大気中の酸素量の一二〜二二倍にもなる。ものすごい量の酸素がこの時期に放出されたのだ。地球の酸化還元環境は、これによって一変したはずである。そこで、このシグナルは「大酸化イベント」と名付けられた。

その後、世界各地の同時代の地層が調べられ、当初はひとつの大きな正異常だと考えられていた大酸化イベントのシグナルが、実際には複数の正異常の連なりらしいことが示唆されるようになった。もしそうならば、酸素濃度の増加は段階的に生じたのかも知れない。

一方、もうひとつの新しい知見である「硫黄同位体の質量に依存しない分別効果」の発見というのは、難しそうな上に長ったらしくて分かりにくいが、ようするに、硫黄同位体比の異常な振る舞いが見つかったということである。異常な振る舞いのシグナルが見られるのは、二四億五〇〇〇万年前より以前の、主として太古代の堆積岩に限られる。それ以降ではこうしたシグナルは小さく、二〇億九〇〇〇万年前以降ではまったくみられない。もちろん、現在は、このようなシグナルはみられない。

硫黄同位体比の異常な振る舞いが生じる原因は、おそらくは太陽紫外線による大気上層での光化学反応に起因したものではないかと考えられている。現在はオゾン層によって太陽紫外線の大部分は吸収されてしまうため、このような反応は生じないか、たとえ生じても、地表に硫黄が輸送される過程で大気中の酸素と反応したり、海水中で硫酸イオンと混合したりすることなどによって、そのようなシグナルは消えてしまう。

オゾンは酸素原子三つからなる分子である。オゾン層が大気上空に形成されるのは、大気中の酸素濃度がかなり大きくなってからである。つまり、オゾン層が形成されたのは、生物活動によって大気中に酸素が蓄積された結果なのである。

人類活動によって放出されたフロンガスなどによってオゾン層が破壊され、南極や北極の上空にオゾンホールが形成されるということが話題になっている。しかし、地球にはもともとオゾン層はなかったのだ。

最近、私たちは紫外線（UV）を気にするようになって、衣服や眼鏡などでUVカットに気をつけるようになった。紫外線は日焼けやシミの原因になるのにとどまらず、皮膚ガンを引き起こすなど生命にとっては有害なものである。実際、生物が陸上に進出できたのは、大気中の酸素濃度が増加したことでオゾン層が形成され、それが太陽紫外線を吸収してくれるようになったおかげだという説もある。

ある理論的な推定によれば、大気中の酸素濃度が現在の一〇万分の一レベルで、硫黄化合物は酸化分解され、硫黄同位体比の異常なシグナルは地質記録に残らなくなる。堆積岩の記録からすると、それは約二四億五〇〇〇万年前ということになる。

つまり、こうした硫黄の同位体比の異常なシグナルが見られる時代は、まだ大気中の酸素濃度が低かったことを反映していると考えられるのだ。

というわけで、これらの二つの新しい発見によって、この時期に大気中の酸素濃度が段階的に増加した可能性がさらに高くなってきた。それでは、具体的にいつどのようなタイミングで酸素濃度が上昇したのだろうか？

スノーボールアース・イベントが大気中の酸素濃度を増加させるポンプの役割を果たした、とするカーシュビンク博士の仮説は、この問題を解くヒントを与えてくれる。

3 カナダ・ヒューロン湖にある地層

私が所属する東京大学では、二一世紀を迎えるにあたり、地球惑星科学をより一層発展させるため、大学院組織の大改革を行った。二〇〇〇年四月のことである。それまで分かれていた地球惑星科学関係の四つの専攻(地球惑星物理学専攻、地質学専攻、鉱物学専攻、地理学専攻)を統合して、地球惑星科学専攻という、おそらくこの分野では世界最大規模の巨大専攻を設立したのだ。

この専攻は、所属する基幹教員が約五〇名、東京大学附属研究所などからの協力教員を合わせると約一三〇名という規模で、地球内部の固体圏、大気や海洋などの流体圏、生命圏、磁気圏、そして太陽系の惑星と惑星間空間までのすべての時空間領域をカバーする、世界でも類をみない総合的な地球惑星科学の研究教育拠点だ。

新しい専攻の大きな特色は、「地球惑星システム科学」という大講座を設置したことであった。これは、地球や惑星をひとつのシステムとして捉え、各サブシステム間の相互作用やシステム全体の挙動に注目した研究を行う、というまったく新しい分野である。

地球環境の変動や進化は、大気や海洋などの流体圏だけでなく、雪氷圏や固体圏、生命圏などの変動が深く関連しており、まさに地球をシステムとして捉えることによって初めて全体像を理解することが可能となるような問題がたくさんある。したがって、このような新しい視点に立った分野の創設がぜひとも必要だったのだ。

専攻設立にあたってのひとつの目玉が、前述のカーシュビンク博士を、教授として招聘したことだった。任期付きではあるが、二〇〇一年の後半から約二年間、東京大学の正式な教授として迎えることになった。

カーシュビンク博士を招聘した目的のひとつは、もちろん、スノーボールアースに関する研究プロジェクトを東京大学で立ち上げよう、ということだった。なにしろ、仮説の提唱者を迎えるのだから、そのようなプロジェクトを実施しないのはもったいない。私たちは、カーシュビンク博士とともに、全球凍結の実態解明と地球史におけるその位置づけを理解するために、一緒に研究を始めることになった。

私と同じ地球惑星システム科学講座所属の多田隆治博士と前述の磯崎行雄博士を交えて相談した結果、カーシュビンク博士らが南アフリカ共和国の地層を調査して明らかにしたことを、北米における同時代の地層で検証するのがよいのではないか、ということになった。

原生代前期氷河時代は「ヒューロニアン氷河時代」とも称される。これは、二十数億年前の原生代前期の最も連続性の良い地層が、カナダのオンタリオ州のヒューロン湖北岸に分布する「ヒューロニアン累層群」と呼ばれる地層であり、これまで非常に詳しく研究がなされてきたからである。

ヒューロニアン累層群は、最下部に火成岩があり、その年代は二四億五〇〇〇万年前ということが分かっている。最上部の正確な年代は不明だが、最上部付近を含むヒューロニアン累層群のほぼ全層を溶岩が貫入しており、その年代は二二億一九〇〇万年前だということが分かっている。ヒューロニアン累層群においては、氷河堆積物が三つの層で確認されている〈図14〉。すなわち、原生代前期のほぼ二億三〇〇〇万年間に三回の氷河時代が訪れたらしい。となると、南アフリカ共和国でみられた全球凍結イベントに対応するのは、その三回のうちのどれなのか、ということが問題となる。

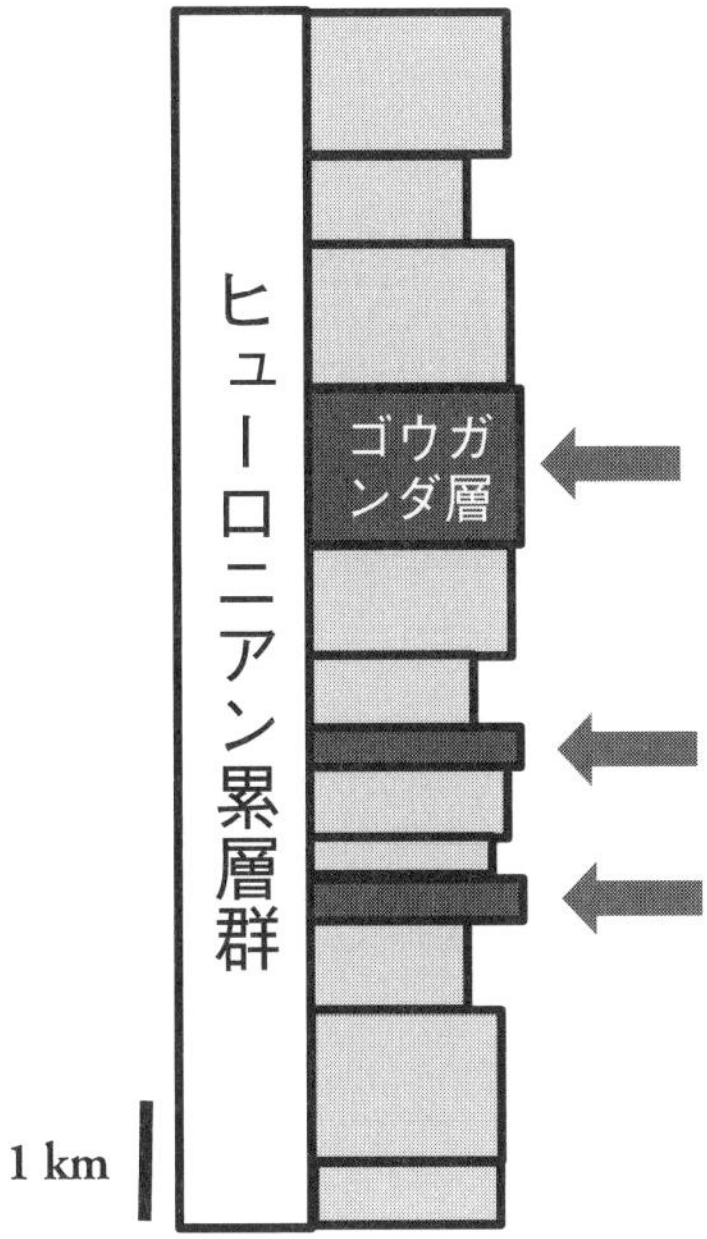

〈図14〉カナダに分布する原生代前期の地層（ヒューロニアン累層群）の概観。矢印が氷河堆積物（氷河時代が3回訪れたことが分かる）。

全球凍結も酸素濃度増加も、どちらも地球規模のイベントなのだから、南アフリカ共和国でしかそれらを確認できないのはおかしい。ほかの地域においても確認されるはずである。だとすれば、原生代前期の最も連続性の良い地層であるカナダのヒューロニアン累層群においてこそ、それら両方のイベントが確認されなければならない。カーシュビンク博士の仮説を検証するためには、ヒューロニアン累層群を調査することが必要不可欠なのである。

ヒューロニアン累層群にみられる三つの氷河堆積物のなかで最も形成年代が若くて最も規模の大きい氷河堆積物である「ゴウガンダ層」と呼ばれる地層が一番怪しいと考えられる。ただし、カナダではマンガン鉱床は形成されていないことが南アフリカ共和国でみられた地層とは大きく異なる点である。形成年代は、少なくとも二二億一九〇〇万年前よりは古いことが分かっており、誤差の範囲で一致すると考えられる。

果たして本当にゴウガンダ層は南アフリカ共和国でみられた氷河堆積物に対応しているのだろうか。あるいは、原生代前期において全球凍結は一回だけではなく、二回、あるいは三回生じたのだろうか。この時期の暗い太陽光度の条件下で全球凍結状態から抜け出すには数千万年もかかる可能性があり、だとすれば地球はこの二億三〇〇〇万年のあいだほとんど凍りついていたのではないだろうか。しかし、それをどうやって証明できるのだろうか。難題が山積みである。

こうして、日米合同のスノーボールアース・プロジェクトが動き出した。

カナダとアメリカ合衆国との国境には、五大湖として有名な五つの大きな湖がある。そのうちのひとつ、ヒューロン湖の北岸の町、カナダのオンタリオ州サドベリーは、ニッケルと銅の産地として知られている。

サドベリーは、巨大衝突クレーターがあることでも有名である。これは約一八億五〇〇〇万年前に小惑星が衝突して形成されたと考えられているもので、直径は二〇〇キロメートルにもおよぶ。サドベリー周辺には、シャッターコーンと呼ばれる数ミリメートルから数メートルに及ぶような円錐状の割れ目構造がみられるが、これは天体衝突時の衝撃波の通過によって形成される衝突現象に特有の構造だと考えられている。このクレーターは、その後の地殻変動により、現在では極端な楕円形に変形してしまっている。

これまでのニッケルと銅の総産出量は一五〇〇万トンを超すという。おそらく小惑星衝突の影響で、ニッケルと銅が濃集した火山岩体が貫入したのだと考えられている。

原生代前期に形成された地層群であるヒューロニアン累層群は、サドベリーを中心に東西約五〇〇キロメートル、南北約二五〇キロメートルにわたって、広域的に分布している。私たちは、サドベリーを基点として、地質調査を行うことにした〈写真15〉。

実は、過去の研究によって、最も若い氷河堆積物であるゴウガンダ層が形成された前後で、大気および海洋表層の酸素濃度が増加した可能性が高いのではないかと考えられている。そこで、私たちは、ゴウガンダ層についてさらに詳しく調べることにした。岩石を採取して詳細な化学分

〈写真15上〉エンジンカッターを用いて岩石試料を採取しているところ。

〈写真15下〉地層の分布と特徴を詳しく調べているところ。

析を行えば、酸素濃度の変遷を明らかにできる可能性がある。そのためには、なるべく新鮮な岩石を、できる限り連続的に採取する必要がある。

私たちは、ボーリングによって得られた岩石サンプルを入手して詳しい化学分析を行った。その結果、大変面白いことが分かった。最後の礫（氷河性のドロップストーン）のすぐ上から鉄の含有量が増加し始め、その後を追うようにマンガンの含有量も増えるのである。マンガンの含有量のピークは、たかだか一・七パーセントである。ところが、この値はその前後と比べると六〇倍も高いのである。これは明らかに異常濃集である。氷河堆積物の直上でマンガンが濃集していることを、カナダで発見したのだ。

しかし、これは果たして南アフリカ共和国のカラハリ・マンガン鉱床に対応するものだと、いえるのだろうか。カラハリ・マンガン鉱床は、文字通り「鉱床」であり、マンガンの含有量は二〇〜五〇パーセントにも達する。量的には全然比較にならないようにみえる。

ところが、濃集層の「厚さ」に注目することで、おもしろいことが判明した。南アフリカ共和国のカラハリ・マンガン鉱床の厚さはたかだか三〜四五メートルなのに対し、カナダのマンガン濃集層の厚さは四〇〇メートルにも達しているのだ。

そこで、濃集層の厚さを考慮して、単位面積あたりに堆積したマンガンの総量を比較してみると、カナダでのマンガン堆積量は、南アフリカの約二〇〜五〇パーセントにも相当することが分かった。カナダでも、実はほとんど同じくらいの量のマンガンが堆積したことになるではないか!

おそらく、当時のカナダ南部は浅い海底で、陸からの泥や砂の供給が多いために、マンガンが薄まってしまい、見かけ上の含有量が低くなってしまっているということなのかも知れない。両者の年代が完全に一致しているかどうかについてはまだ不確定性が残るものの、私たちは、ゴウガンダ層は、南アフリカ共和国でみられた氷河堆積物と同時期のものである可能性が高いと考えている。すなわち、私たちが発見したマンガンの異常濃集層は、このときの寒冷化(全球凍結)と酸素濃度の増大が地球規模のものであったことを示唆する重要な証拠とみなすことができるのではないだろうか。

私たちはさらに、氷河時代直後の急激な温暖化が、前述の「大酸化イベント」の引き金になったと考えられる証拠(炭素同位体比の異常な挙動)を発見した。全球凍結直後の極端な温暖化によって大陸表面の風化率が劇的に増加し、生物にとっての必須元素であるリンの供給が増えたことが、海洋における光合成活動を活発にして、酸素の生産量を劇的に増加させ、大酸化イベントを引き起こした、という可能性が明らかになってきたのだ。

私たちは、この問題をさらに追究するために、アメリカ合衆国や北欧において同時代に形成されたと考えられる氷河堆積物の調査をすすめている。これらの地層の世界的な対比を行うことによって、きっとスノーボールアースと酸素濃度増加の実態にさらに迫ることができるだろう。

第六章　地球環境と生物

1　絶滅と進化の繰り返し

スノーボールアース・イベントは生物の進化にどのような影響を与えたのだろうか。地球環境の大変動は生物の生存を脅かし、ときとして生物の大絶滅を引き起こす。地球上に生命が誕生してから約四〇億年。この間に誕生した生物種の大部分は絶滅したものと考えられている。生物の個体レベルの死ではない。分類群としての種の絶滅だ。種が絶滅するということは、言うまでもなくとても大きな出来事である。

しかし、そうした生物種の絶滅というのは、実は、自然界では日常的に起こっている。自然選択によるそうした通常の生物種の絶滅は、「背景絶滅」と呼ばれる。

これに対して、あるとき数多くの分類群が一斉に絶滅するという現象が、「大量絶滅」である。顕生代において、そのような大量絶滅が五回生じたことが知られており、ビッグ5と呼ばれている〈図16〉。有名なものは、約六五〇〇万年前の白亜紀／第三紀（K／T）境界と約二億五〇〇〇

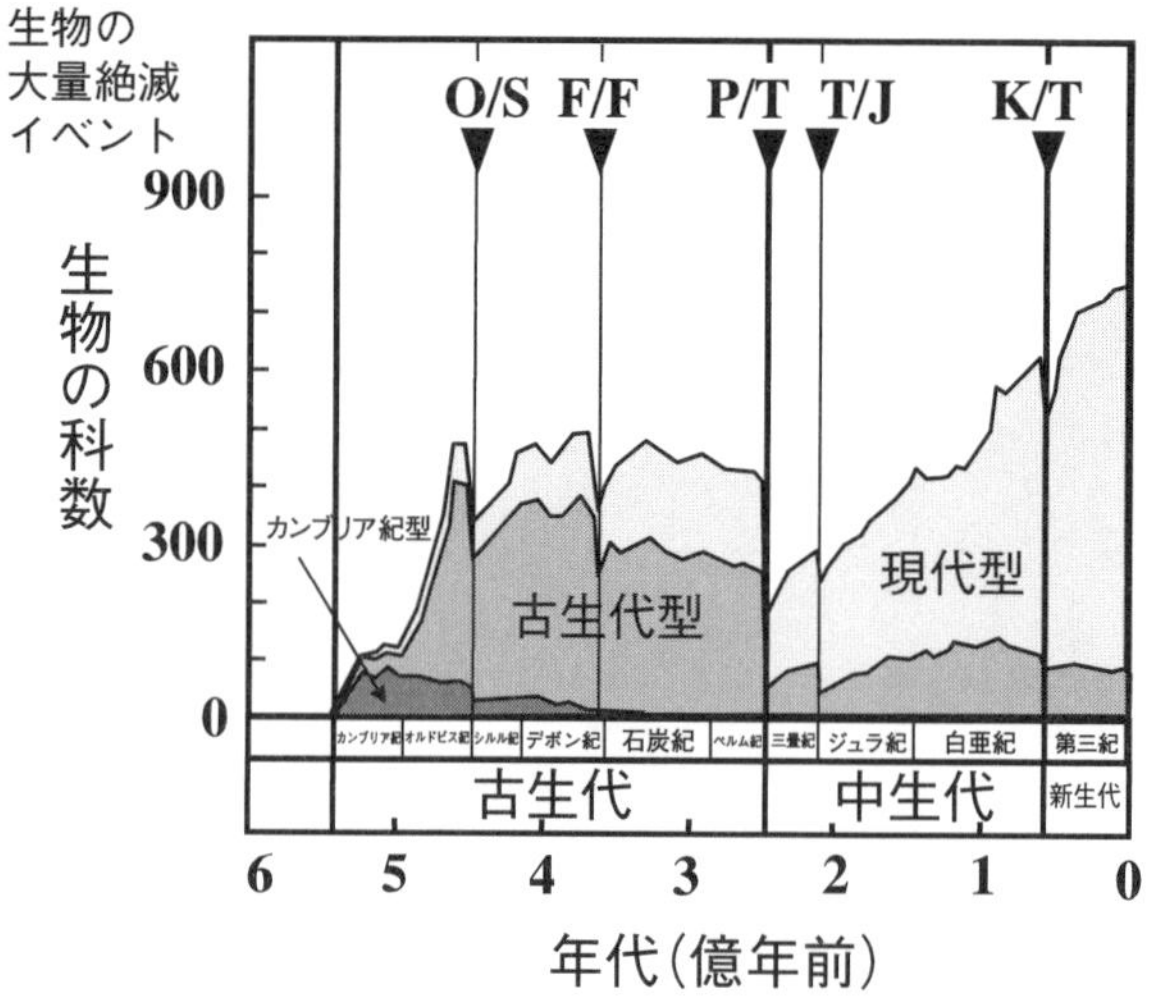

〈図16〉顕生代における大量絶滅イベント。矢印で示されたところが大量絶滅イベントが生じたと考えられる地質年代境界（それぞれO/S、F/F、P/T、T/J、K/T境界と呼ばれる）。

万年前のペルム紀／三畳紀（P／T）境界で起こったイベントである。それぞれ、中生代／新生代境界と古生代／中生代境界でもあり〈図1〉、どちらも地質時代を画する大きな地質年代境界でもあるということは、そこを境に生物種が大幅に入れ替わったことを意味している。

大量絶滅の原因はまだよく分かっていない。どうやら共通したひとつの原因があるわけではなく、それぞれの大量絶滅イベントごとに原因はさまざまなようである。しかし、何らかの大規模な地球環境変動が起こったことは間違いない。

たとえば、白亜紀／第三紀境界で生じた天体衝突では、衝突によって大気上空に巻き上がった塵やエアロゾルが日射を遮り、植物の光合成が停止し、食物連鎖を通じて恐竜を含む数多くの生物種の大量絶滅が引き起こされたのではないか、という「衝突の冬」仮説が提唱されている。ただし、日射は、当初は数年間にわたって遮られたと考えられていたものの、実際には長くても数ヶ月程度ではないか、ということになってきたため、本当にこのメカニズムで大量絶滅が引き起こされたのかどうかはまだ分からない。

ほかの時代の大量絶滅については、必ずしも天体衝突が関係しているわけではない。たとえば、ペルム紀／三畳紀境界では、海水に溶け込んでいる酸素の濃度が極端に低下するという「海洋無酸素イベント」が生じたと考えられている。そして、生物が海洋のみならず陸上でも絶滅した原因としては、同時期に生じたとされるマントル深部からの上昇流による洪水玄武岩の噴出、無酸素海洋で発生した大量の硫化水素の大気への漏出、大気中の酸素濃度の極端な低下、大規模な海水準変動、などいろいろな可能性が議論されている。どれも、もしいま起こったら大変な事態に陥ることは明らかだ。

一方で、大量絶滅直後には生物種の適応放散と生物多様性の回復が生じたことが知られている。白亜紀／第三紀境界でもペルム紀／三畳紀境界でも、そのような大量絶滅後の回復過程が研究されている。

スノーボールアース・イベントもまた、生物の大量絶滅を引き起こしたことは間違いない。しかし、当時はまだ硬い骨格を持つ生物が出現しておらず、化石記録がほとんど残っていないために、その実態を知ることはできない。ただし、次節で述べるように、全球凍結イベント直後には、生命進化史における最も重要な出来事が生じた可能性が指摘されている。

このように、地球環境の大変動が生物の絶滅や進化に影響を与えたと考えられる事例はいろいろ知られており、また容易に想像することもできる。

それでは逆に、生物の進化が地球環境に影響を与えた可能性はないのであろうか。

第五章でも述べたように、カーシュビンク博士は、原生代前期のスノーボールアース・イベントが、シアノバクテリアの出現によって引き起こされた可能性について言及している。シアノバクテリアによって大気中に酸素が放出され始めた結果、それまでの大気中に存在していたと考えられるメタンが急速に酸化され、温室効果が奪われたことによって、地球は全球凍結に陥ったのではないか、というものである。

ただし、前述のように、酸素濃度は、約二四億五〇〇〇万年前にはすでにある程度増加していたらしい証拠が、硫黄同位体の質量に依存しない分別効果や微量元素の存在度から分かってきた。したがって、酸素発生型の光合成を行うシアノバクテリアの出現自体は、約二二億年前のスノーボールアース・イベントより前であった可能性も考えられる。しかし、その場合でも、少なくともスノーボールアース・イベント直前において、メタンの温室効果が奪われるほどの酸素の放出が、シアノバクテリアの大繁殖によって生じた可能性は残る。

ほかの例としては、いまから四億年ほど前に陸上植物が出現し、陸上に森林が広がったことが、いまから約三億年前の大氷河時代（ゴンドワナ氷河時代）を引き起こしたらしい、というものがある。これは、陸上植物によって大陸の表面には土壌が安定に保たれるようになり、その結果、大陸が著しく「風化」されやすくなったことが原因のひとつだと考えられている。また、陸上植物に特徴的なリグニンやフミンといった有機物はバクテリアによって分解されにくいため、大量の有機物が分解されずに湿地帯において埋没することによって、大量の二酸化炭素が固定されたとも、寒冷化の原因となった。現在使われている石炭の多くは、このとき埋没した植物の化石である。この時代が「石炭紀」と称される所以である。

こうした、生物進化や生物活動によって地球環境が大きな影響を受けた、と考えられる事例は、ほかにもいくつか議論されている。

したがって、地球と生命は互いに影響を及ぼし合いながらともに進化してきたのではないか、ということが示唆される。このような地球と生命の相互作用による進化を「地球と生命の共進化」という。

地球と生命の共進化というと、イギリスの科学者ジェームズ・ラブロック博士の「ガイア仮説」を思い浮かべる読者もおられるであろう。ガイア仮説とは、地球と生命をひとつのシステムとして捉えた上で、「地球の大気海洋の物理化学条件は、かつてもいまも、生命によって生命にふさわしい快適なものに積極的に保たれている」とする考え方だ。どちらかというと、生命の立場から地球環境の恒常性（一定に保たれる性質）を説明するというものである。

しかしながら、地球環境と生命の関係は、実際には、相互に影響し合っているものだと考えられる。たとえば、これまで述べてきたシナリオがもし本当だとすると、生命活動によって地球は全球凍結したことになる。しかしその結果、生命の大絶滅が引き起こされたことはほぼ間違いない。さらには、生命活動とは無関係に、天体衝突や大規模火山活動によって地球環境が大きく変化し、生命の大絶滅がもたらされる、ということも繰り返し生じてきたのだ。一方で、地球環境の状態に生命活動が関与していることは間違いないが、たとえ生命が存在しなくても、地球は環境を維持する独自の安定化メカニズム（ウォーカー・フィードバック）を持っていることはこれまで述べてきたとおりである。

スノーボールアース・イベントは、地球と生命の共進化の格好の例である。全球凍結イベントの研究を通じて、これまで考えられていた以上に地球と生命の密接な関係が見えてくるかも知れないのだ。

2　真核生物の誕生

酸素濃度の増加は、地球表層の酸化還元環境を一変させるとともに、生物の生存環境の激変と新しい環境への適応を迫る一大事件であった。

生物はもともと酸素が存在しない環境下で誕生し、少なくとも地球史前半はそうした嫌気《けんき》的な環境に適応しながら進化してきたわけである。だから、環境中の酸素濃度が増加すると、嫌気性生物の大部分（多くのバクテリア）は生存することができなくなってしまう。酸素は、ある意味で、生物にとって猛毒だからだ。

酸素分子は、生物の細胞内で、いわゆる活性酸素（スーパーオキシドアニオン・ラジカルやヒドロキシル・ラジカルなど）をつくる。これらは非常に強い酸化力を持ち、周囲の物質（タンパク質、脂肪、遺伝子など）を酸化して損傷を与える。このため、酸素存在下では、大部分の嫌気性生物は死んでしまう。

ところが、生物はこうした活性酸素を分解する酵素を発明した。スーパーオキシドディスムターゼ（SOD）などのタンパク質である。たとえば、スーパーオキシドアニオンはSODの働きにより、酸素分子と過酸化水素分子とに分解される。過酸化水素分子は、今度はカタラーゼという酵素によって、酸素と水に分解される。こうした防御機構の発明によって、酸素が存在する条件でも、生物は生存できるようになったのである。

人間の体内でも活性酸素が問題となることは、最近の健康ブームで知られるようになってきた。活性酸素は、がん細胞の発生や老化を促進する要因であると考えられている。一方で、活性酸素は体内に侵入した細菌を攻撃してくれたりもするので、人間にとって必要な物質でもあるのだが、過剰に発生するとさまざまな問題が生じるというわけである。

そんなわけで、それまで環境中にはほとんど含まれていなかった酸素が急激に増えたことによって、嫌気性生物の大部分は、酸素濃度の低い海底堆積物中に逃げ込むしかなかった。そして、環境中に酸素が増加する過程において、酸素に対する防御機構として上述の酵素が生み出されたのだろう。酸素濃度の増加は、好気性生物の出現を促したはずである。酸素を利用して大きなエネルギーを得る、酸素呼吸を行う生物である。

嫌気的環境下で行われる嫌気的呼吸（アルコール発酵など）と比べて、酸素を使う好気的呼吸（酸素呼吸）によって生産されるエネルギーは約二〇倍も大きい。ブドウ糖一分子を、酸素を使って分解することで、生物にとってのエネルギー通貨といわれるアデノシン三リン酸（ＡＴＰ）を正味で三六分子得ることができるのだ。

このような嫌気的呼吸から好気的呼吸への遷移は、環境中の酸素濃度が現在の約一パーセントを境に生じるといわれている。好気的呼吸の起源は、大気中の酸素濃度の増加史と密接な関係にあったものと考えられる。

大気中の酸素濃度の増加は、さらに原生代前期に起こった生物の大進化を促したのではないかと考えられる。真核生物の出現である。細胞内に膜で覆われた細胞核や小胞体、ミトコンドリア、葉緑体などさまざまな細胞小器官を持つような生物のことで、それまで地球を支配していた原核生物（真正細菌及び古細菌）とは一線を画す。私たち人類を含む動物、植物、菌類、原生生物などはみな真核生物である。真核生物は、古細菌に真正細菌が細胞内共生して誕生したと考えられている。ミトコンドリアの祖先は、好気性細菌だといわれている。このミトコンドリアによって酸素呼吸を行うだけでなく、細胞膜に使うステロールをつくる際にも酸素を使う。このため、周囲の環境には、現在の一～一〇パーセント程度の酸素濃度が必要であると考えられている。したがって、環境中の酸素濃度の増加が真核生物の出現と深く関係していたことは間違いない。

真核生物がいつ出現したのかについては、必ずしもよく分かっているわけではない。しかし、最古の真核生物と考えられる化石が、一九億年前の米国ミシガン州のネゴーニー鉄鉱床から発見されている。それは、グリパニア・スピラリスと名付けられた藻類の一種と考えられる化石で、サイズが一センチメートルくらいある。

一般に、真核生物の細胞は原核生物の細胞よりも大きく、体積にして一〇〇〇倍以上も大きいものがある。バクテリアに代表される真正細菌や古細菌は目に見えないほど小さいサイズなのだが、真核生物の出現によって、突然、生物のサイズが大きくなったわけである。

ちなみに、この化石の発見を最初に報告した論文では、化石を含む地層の年代は約二一億年前とされていた。しかし、その後、地層のより正確な年代は約一九億年前ということになった。地層の絶対年代を決める難しさがここでもかいま見える。

いずれにせよ、真核生物の誕生は、原生代前期の二〇億年前頃ではないかと考えられる。すなわち、真核生物は、まさに原生代前期のスノーボールアース・イベントの少しあとに出現した可能性が強く示唆されるのである。大気中の酸素濃度の増加もまさに同じ時期だと考えられるので、そのこととも調和的である。

もし真核生物の出現には酸素濃度の増加が不可欠であり、酸素濃度の増加にスノーボールアース・イベントが不可欠だったのだとすれば、生物進化における全球凍結の役割はきわめて本質的なものだったといえるだろう。

3　生物進化に与えた影響

第四章でみたように、スノーボールアース仮説の大きな争点のひとつは、原生代後期以前に出現していた真核藻類が、原生代後期の二回の全球凍結をどうやって生き延びることができたのか、ということであった。

しかし、さらに深刻なのは、すでに原生代後期には多細胞動物も出現していた可能性があることだ。一般に、多細胞の生物は、単細胞生物とは対照的に、細胞の専門分化により複雑な機能を獲得した。そのような生物が、原生代後期の全球凍結という過酷な環境を生き延びることができたとは、到底考えられない。

前述の分子時計を用いた研究によれば、動物、植物、および菌類は約一〇億年前に共通祖先から分岐したとされる。左右相称動物（肢や体の器官が中心線をはさんで対称になっている動物のこと）である旧口《きゅうこう》動物と新口《しんこう》動物（それぞれ、初期の胚に形成された原口が、後に口になるか肛門になるかという基本的な分類）の分岐も、原生代後期の氷河時代かそれ以前に生じたと推定されている。

もしこれが本当だとすると、多細胞動物の起源は約一〇億年前であり、旧口動物、新口動物、および非左右相称動物のそれぞれ少なくとも一系統が、原生代後期の二度のスノーボールアース・イベントを生き延びたということになる〈図17〉。しかし、全球凍結の極限環境を考えると、それはきわめて困難であるように思われる。

一方で、化石記録から多細胞動物の出現時期について何か制約が課せられないのだろうか。顕生代最初期のカンブリア紀（五億四二〇〇万～四億八八三〇万年前）には、節足動物、腕足《わんそく》動物、棘《きょく》皮《ひ》動物、軟体動物など、現在見られる動物門のすべてがほぼ同時期に出現したことが知られている。これは「カンブリア爆発」と称されている〈図17〉。しかしながら、カンブリア爆発は多細胞動物の多様化であって、多細胞動物の起源というわけではない。

硬い骨格を持つ生物が出現する以前の原生代の化石記録はきわめて限定的である。原生代後期の氷河時代以前には、動物が這った跡のようなミリメートルスケールの生痕《せいこん》化石（地層に残された生物活動の痕跡）と思われるものが報告されている。しかし、それらはどれも疑わしいと考えられている。明らかに多細胞動物のものと考えられる最古の生物化石の出現は、原生代末期である。

原生代末期に中国南部の大陸棚で堆積したドウシャントゥオ層からは、例外的に保存状態の良い化石群が産出する。とくに、ドウシャントゥオ層上部のリン灰石中にみられる動物の胚（卵割中の受精卵）と考えられるサブミリメートルサイズの化石の発見は、世界中を驚かせた。この胚

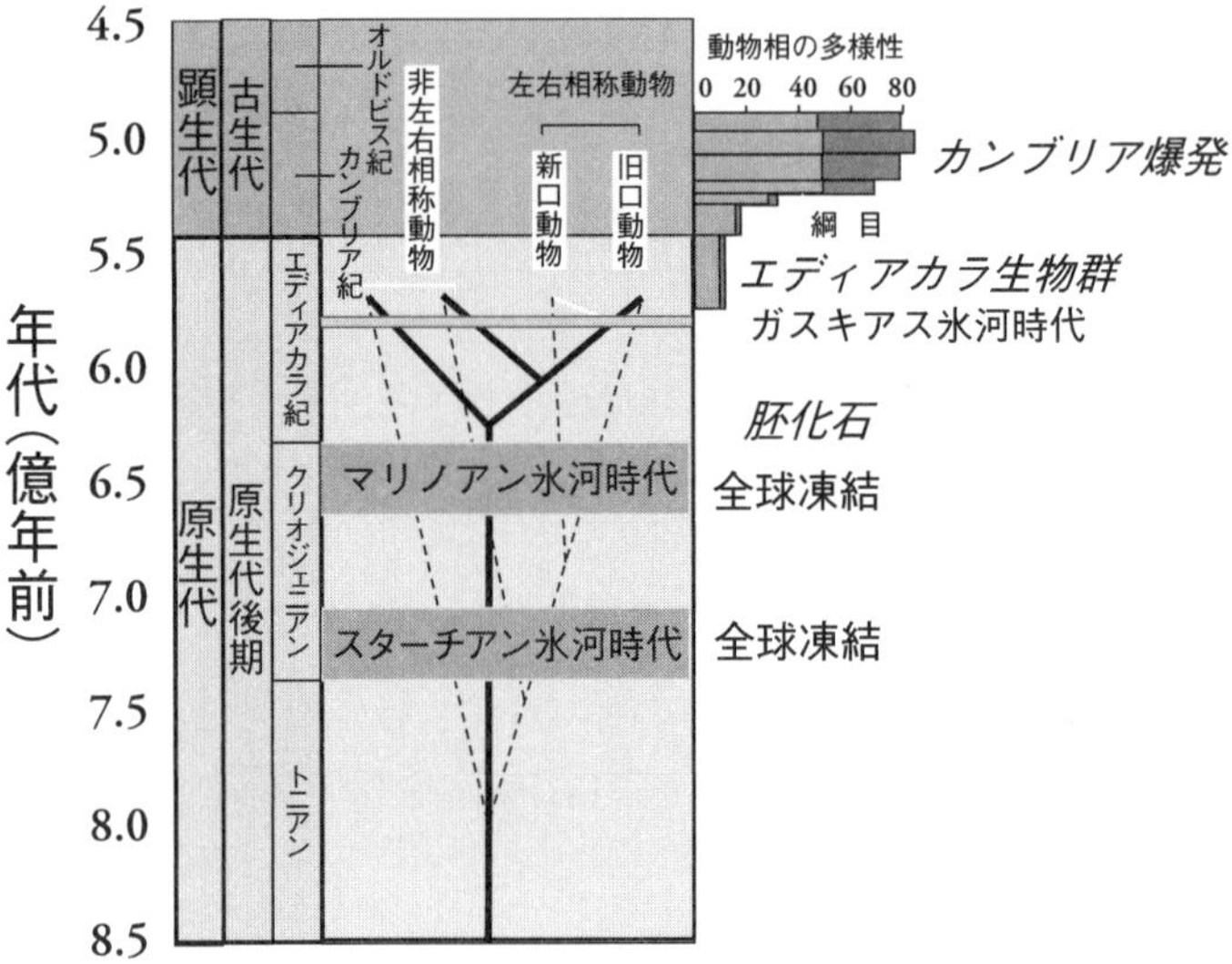

〈図17〉全球凍結と多細胞動物の出現の関係。
多細胞動物の系統は分子時計では破線のように考えられてきたが、化石記録に基づくと実線のようである可能性が考えられる。すなわち、最後の全球凍結イベント（マリノアン氷河時代）直後に多細胞動物が出現した可能性がある。

化石は発見当初から注目を集め、多くの学者によって研究が進められている。最近になって、これは巨大硫黄酸化細菌の化石ではないかという異論も出されたが、明らかに真核生物のものであるという反論がすぐに出された。どの分類群に属するのかについては議論のあるところだが、おそらく真正後生動物（主要な動物門のほとんどが属する分類群）のものであろうと考えられている。このほかにも、ドウシャントゥオ層の上部には、サイズは小さいが動物化石だと思われるようなさまざまな化石が見つかっている。

ドウシャントゥオ層の下部には、マリノアン氷河時代に対応すると考えられる氷河堆積物が存在する。胚化石が産出するリン灰石の年代は約五億九九三〇万年前と推定されているが、最も初期の胚化石の年代は六億三二五〇万年前までさかのぼるということも分かってきた。つまり、多細胞動物の出現は、ガスキアス氷河時代（約五億八〇〇〇万年前）の前、マリノアン氷河時代（約六億六五〇〇万〜六億三五〇〇万年前）の直後だということになる。

一方、最古の大型生物化石として有名な「エディアカラ生物群化石」の産出は、ガスキアス氷河時代の後である〈図17〉。エディアカラ生物群の分類についてはこれまでにさまざまな議論がある。現世の生物とは系統関係がない絶滅種であるという考えもあるが、少なくともその一部は、海綿動物、刺胞動物、真正後生動物、左右相称動物などではないかと解釈されている。

エディアカラ生物群の化石は、ロシアの白海沿岸や南オーストラリア、アフリカのナミビアなどからも産出される。その中でも、おそらくカナダ東部のニューファンドランドにみられるものが最初期のものであると考えられている。

ニューファンドランドにおける古典的なエディアカラ化石は、氷河堆積物（ガスキアス層）よりも一五〇〇メートル上部の地層から産出することが知られていた。しかし最近になって、ガスキアス層直上の地層から、長さ二メートルのチャルニア・ワルディと名付けられた葉状の大型化石が発見された。チャルニア属は、エディアカラ生物群を代表する化石のひとつで、刺胞動物ではないかと解釈されている。すなわち、ガスキアス氷河時代直後には、すでに二メートルにも及ぶような大型生物が出現していたことになる。このことから、エディアカラ生物群の系統は、ガスキアス氷河時代以前から出現していたのではないかとも考えられる。

このように、化石記録からは、多細胞動物の起源はマリノアン氷河時代後の約六億年前であることが示唆されるが、これは分子時計を用いた推定とは矛盾する。実のところ、分子時計による分岐年代の推定値は、ひとつの目安を与えるものではあるが、必ずしも絶対的なものではない。というのは、塩基配列やアミノ酸配列の置換速度が生物種によって異なる可能性や、それらの置換速度が時間的に一定だと仮定することの是非、解析手法によって得られる結果が異なる、などいくつかの問題が知られているからである。

実際、分子時計を用いた最近の研究によれば、多細胞動物の起源をマリノアン氷河時代後（約六億年前）であると考えることも可能であるという結果が示されている。もし本当にそうであるならば、化石記録と調和的ということになり、多細胞動物の出現とスノーボールアース・イベントの前後関係の問題も解決されることになる。

それでは、全球凍結と多細胞動物の出現との因果関係はどうなっているのだろうか。それは必ずしも自明ではないが、いくつかの可能性は考えられる。ひとつには、全球凍結が生物進化のフィルターとしての役割を果たしたというものである。全球凍結によって生物多様性が大幅に減少することでボトルネックが生じ、その直後に生物の多様化が促されたのではないかという可能性である。もうひとつの重要な要因として考えられることは、全球凍結直後に大気中の酸素濃度が増加したことによって、生物の大進化が促されたという可能性である。

実は、大気中の酸素濃度は原生代前期に急増した後、原生代後期にもふたたび増加したと考えられている。実際、少なくとも一部のエディアカラ生物群の出現には、環境中の酸素濃度の増加が重要であったとされている。すなわち、全球凍結直後の酸素濃度の増加が多細胞動物の出現を促したのかも知れない。

全球凍結イベントという破局的な地球環境変動が生じれば、生物進化に与える影響は計り知れない。全球凍結による生物多様性の大幅な低下と大気中の酸素濃度の増加が重なり、真核生物や多細胞動物の出現という、生物進化史上の大進化をもたらしたのだとしたら、全球凍結は生物の進化にとって決定的な役割を果たすものだったといえるであろう。

全球凍結が生じなければ、地球上の生物はいまだにバクテリアのままだったかもしれないのだ。

第七章　地球以外に生命はいるのか？

1　地球のような惑星

これまで、スノーボールアース仮説をめぐる議論を通じて、地球環境変動と生物進化の関わりについて考えてきた。温暖な環境をずっと維持してきたと考えられていた地球においても、全球凍結イベントのような破局的な環境変動が生じたらしいこと、しかしそれが逆に生物進化を促してきた側面もあるらしいことが分かった。

それでは最後に、この問題の先にあることを考えてみよう。

この宇宙には地球のような惑星がどのくらい存在しているのだろうか？　そのような惑星の表層環境や生命の存在について、スノーボールアース仮説をめぐる議論から何が示唆されるのだろうか？

ここで、「地球のような惑星」というのは、「生命が生存可能な環境を持った惑星」（ハビタブルプラネット）という意味である。そのような条件を備えた惑星には、当然、生命が存在しているのではないかという期待が持てる。生命が生存可能な惑星の条件とは何なのか？
それは、ひとことでいえば、「液体の水が存在できるような物理条件が満たされている」ということであろう。少なくとも、私たちが知っている地球型生物の生存には、液体の水の存在が不可欠だからである。

液体の水が存在するための条件は、惑星表面の温度が氷の融点よりも高く、水の臨界点の温度（摂氏三七四度）よりも低い、ということである。「臨界点」とは、気体と液体の変化が起こる限界のことである。それ以上の温度圧力条件では、物質は気体でも液体でもない、「超臨界流体」というものになる。これは、気体と液体の両方の性質を持つような、物質の第四の相である。水の場合、臨界点の温度は摂氏三七四度、圧力は二一八気圧である。

地球表層における水の大部分は海として存在している。そして、海面からは水蒸気が蒸発している。気温が上昇すれば、蒸発する水蒸気の量も増える。それでは、気温が摂氏一〇〇度を超えると海は全部蒸発してなくなってしまうのかというと、実はそうではない。それは、圧力が一気圧での話である。水が蒸発すればするほど気圧は増える。圧力が高ければ、摂氏一〇〇度を超しても水は沸騰しないのである。

ここで注意したいのは、海水量は、気圧に換算すると約二七〇気圧にも相当するということだ。すなわち、海水の量は水の臨界圧力（二一八気圧）に相当する量よりも多いということになる。このため、地球の場合、海が全部蒸発することはとても起こりにくい。

逆にいうと、もしも水の量がいまよりもずっと少なかったら、海が全部蒸発するのは比較的容易である。極端な場合、ほんのわずかな水しかなければ、すぐに蒸発して終わりである。砂漠におけるコップの水を想像してみればよい。

地球の海が全部蒸発してしまうのは、ある特殊な条件が実現した場合に限られる。それは、地球が太陽から受け取る正味のエネルギーが、ある値（単位面積あたり約三〇〇ワット）を超えた場合である。

地表温度が高くなれば、水蒸気が大量に蒸発するので、地球大気は事実上、「水蒸気大気」になっている。水蒸気は非常に強力な温室効果気体なので、水蒸気大気は地表からの赤外線をほとんどすべて吸収してしまう。この結果、宇宙空間に放出されている赤外線は、地表からではなく、地表からの赤外線を吸収した大気自身が上空で放出したものとなる。つまり、赤外線で地球をみた場合、地表面はまったくみえないことになる。みえるのは大気の上層部である。この結果、水蒸気大気が宇宙空間へ放出できる赤外線の強さは、地表温度には関係なくなり、ある上限値を持つようになるのだ。

そのような状況において、もし水蒸気大気が放出できる赤外線の上限値を超えるようなエネルギーが入射したら、いったいどうなるのだろうか。エネルギーがつり合わなくなってしまうわけだから、過剰なエネルギーの供給によって地表は加熱され、地表温度はどんどん上昇することになる。この結果、海水はすべて蒸発してしまう。

しかし、それだけでは終わらない。海水がすべて干上がっても、なお過剰なエネルギーの供給があるからだ。その結果、地表温度はさらに上昇し、ついには岩石が融けてしまうほどの高温になる。地表はマグマの海、「マグマオーシャン」に覆われる。このときの地表温度は、摂氏一三〇〇度くらいである。すると、水蒸気（気体）がマグマ（液体）に溶け込むようになるので、ようやく温度上昇が止まる。このような状況は、「暴走温室状態」と呼ばれている。太陽がいまよりもずっと明るく輝くようになる、地球の遠い未来の姿である。といっても、それはいまから約二五億年も先のことなので心配する必要はない。

一方で、暴走温室状態は、過去の地球の姿でもある。地球の形成期には、太陽放射エネルギーは現在よりも小さかったが、それと同程度の微惑星（惑星の材料物質）の衝突エネルギーが地表で解放されていた可能性がある。そして、入射エネルギーの合計は水蒸気大気が放射できる上限値を超えていたかも知れないのだ。その場合、やはり地表面には液体の水が存在できず、マグマオーシャンが形成されていた可能性が高いということになる。

暴走温室状態に関するこうした一連の描像は、東京大学の阿部豊博士と松井孝典博士が、一九八〇年代半ばに明らかにしたものだ。彼らは、マグマオーシャンの形成によって水蒸気大気の量が調節され、地球形成末期にはその水蒸気大気が凝結することによって、現在と同じ規模の海洋が形成される、という結論を導いた。原始地球を取り巻く水蒸気大気が海洋の起源だとする、大変画期的な研究だ。

暴走温室状態というのは、海水がすべて蒸発してしまうほどの極度の高温環境である。その意味において、表層の海水がすべて凍結してしまうほど極度の寒冷環境である全球凍結状態とは、対極をなすといえる。しかし、暴走温室状態も全球凍結状態も、地表面に液体の水が存在できないという意味では同じである。どちらの環境もハビタブルとはいえない、ということになる。こうした「非日常的」な環境は、太陽系を一歩離れると、それほど珍しくないかも知れない。

プロローグでも述べたように、これまですでに三〇〇〇個を超える太陽系外惑星が見つかっている。となると、誰しも地球のような惑星が宇宙に存在するのかどうかが知りたくなる。はたして生命の宿る地球のような惑星は、この宇宙に普遍的に存在するのだろうか？

現在までのところ、発見されている太陽系外惑星のほとんどは、木星や海王星のようなガスや氷などからなる巨大惑星ばかりだ。大変興味深いことに、太陽系外惑星系には、太陽系でみられる惑星の軌道とは大きく異なるものが多いことが分かってきた。たとえば、木星のような巨大惑星が、太陽系でいえば一番内側の水星よりもさらに内側の軌道を回っていたり、円形の軌道から大きくはずれた超楕円軌道を回っていたりするなどだ。宇宙には、太陽系とは似ても似つかない惑星系が多いらしい。もちろん、太陽系に良く似た惑星系も見つかっている。惑星系はきわめて多様であることが分かってきたのである。

太陽系外惑星系において、巨大惑星ばかりが発見されているのは、たんに地球型惑星（岩石や金属鉄からなる地球のような惑星）はサイズが小さいために観測が困難だからである。しかし、ごく近い将来、地球型惑星が続々と発見されるであろうことはほぼ確実だと考えられている。

たとえば、米国航空宇宙局（NASA）や欧州宇宙機関（ESA）が、宇宙望遠鏡を打ち上げて太陽系外地球型惑星を直接観測する計画が進んでいる。地上においても、大型望遠鏡を使った新しい技術の開発により、太陽系外地球型惑星の直接観測を目指すなど、いろいろな計画が目白押しである。地球型惑星が発見された場合、その惑星が生命の生存可能な環境を持っているのかどうかは、一般市民のみならず研究者にとっても一大関心事である。現在、多くの天文学者や惑星科学者が、地球に似た惑星を見つけるための努力をしている。

これまで本書で述べてきた内容をふまえると、地球に似た惑星は、地表面に海が存在する条件を満たすだけでは不十分で、表層環境が長期間にわたって安定であるための、何らかの負のフィードバック機構（システムの安定化作用）を備えているべきだ、ということになる。一時的に温暖湿潤な惑星環境が形成されることがあったとしても、それが長続きしないものだとしたらまったく意味がないからである。おそらく、そのためにはプレートテクトニクスが機能し大陸が存在することが不可欠であろう。そのような惑星は温暖湿潤な環境を持ち、液体の水が存在し、生命が生存できる可能性が高い。

プレートテクトニクス、花崗岩質の大陸地殻、液体の水、温暖湿潤な環境、そして生命の存在。これらはすべて、いまのところ太陽系においては地球にしかみられない特徴である。しかし、これらの要素は、互いに深く関係しあっているのではないか、という可能性も示唆される。これらの間の関係性を明らかにすることが、「地球のような惑星」の本質を理解することにつながるのではないかと思われる。

2　金星や火星にも海があった

太陽系のような惑星系において、地球のようにその表面に液体の水が存在できるような温暖湿潤な気候状態を形成しうる惑星の軌道範囲というのは、実は非常に限られている。

ある星のまわりを惑星が公転していたとしよう。その惑星の表面には大量の水が存在していたとする。もしその惑星の公転軌道が中心星に近すぎると、どうなるだろうか。惑星が受け取るエネルギーが非常に大きいため、水はすべて蒸発し、暴走温室状態になってしまうだろう。逆に、もしその惑星の公転軌道が中心星から遠すぎると、水はすべて凍ってしまい、全球凍結状態に陥ってしまうだろう。惑星表面に液体の水が存在するためには、こうした制約条件があるのだ。

このような内側限界と外側限界の間の軌道領域ならば液体の水が存在できる可能性がある、ということになる。ある星のまわりに生命が生存できる惑星があるとすれば、この領域に軌道を持つ惑星だということになる。この軌道領域のことを、「ハビタブルゾーン」と呼ぶ。ハビタブルゾーンに大量の液体の水を持った惑星が形成されれば、その惑星はハビタブルプラネットである可能性が高い。

ハビタブルゾーンの内側限界は、暴走温室状態が発生する条件によって規定される。それは、前述のように、惑星が受け取る中心星からの放射エネルギーが、単位面積当たり約三〇〇ワットを超える場合である。これは、水蒸気大気が放射できるエネルギーの上限値で、これを超えるエネルギーが惑星に入射すると、受け取るエネルギーが正味で過剰となり、惑星表面の温度は「暴走的」に上昇し、海水がすべて蒸発してしまうのだった。

このような条件は、中心星の明るさと中心星からの距離によって決まってしまう。現在の太陽系では、太陽からの距離が〇・八四天文単位（一天文単位＝太陽・地球間の距離＝約一億五〇〇〇万キロメートル）であり、金星軌道（〇・七二天文単位）と地球軌道の間ということになる。したがって、金星がもし海を持っていたとしても、惑星アルベドが地球と同様であれば、暴走温室状態になってしまう。

いまから約四六億年前の金星には、しかしながら、海が存在していた可能性がある。当時の太陽は現在よりも約七〇パーセント程度の明るさしかなかったと考えられるため、もし初期の金星表面に大量の水が存在していたならば、金星は海を形成していた可能性があるのだ。しかし、その場合においても、金星は太陽に近すぎるため、水蒸気が大量に蒸発して大気上空で太陽からの紫外線を受けて分解されてしまう。そして、生成された水素が宇宙空間に散逸することによって、海洋は徐々に消失したと考えられる。現在の金星表面には水がほとんどない。その理由は、水がもともと存在していたにもかかわらず、このようなプロセスによって失われてしまったからなのかも知れないのだ。

このような、暴走温室状態ではないが、大気上空からの水素の散逸によって数十億年のうちに海が消失してしまう（＝湿潤温室状態）、ということまで考えると、現在の太陽系では〇・九五天文単位がハビタブルゾーンの内側限界ということになる。これは、地球軌道のすぐ内側である。

一方、ハビタブルゾーンの外側限界は何で決まっているのだろうか。たとえば、地球を火星軌道に移動させたとしたら、地球は全球凍結してしまうのだろうか？　答えは、おそらく「否」である。

なぜならば、地球は炭素循環のはたらきによって大気中の二酸化炭素濃度を調節する機能を持っているからである。このウォーカー・フィードバックによって、地球を太陽から遠い軌道へ移動しても、受け取る太陽放射に応じて二酸化炭素濃度を変化させ、温暖湿潤な気候状態を維持するように応答するだろうと考えられる。

もちろん、地球軌道から火星軌道への移動が短時間で生じたならば全球凍結してしまうだろう。というのは、炭素循環による二酸化炭素濃度の調節には数十万年スケールの時間が必要だからである。じわじわと軌道を移動させなくては対応できないのだ。もっとも、もし全球凍結したとしても、数百万年すれば、二酸化炭素が大気中に蓄積して、再び温暖湿潤な環境に復活することが期待される。

それでは、炭素循環による環境の安定化機構があれば、外側限界は存在しないのだろうか？

この答えも「否」である。

たとえば、地球を木星軌道までゆっくりと移動させたとする。炭素循環によって大気中の二酸化炭素濃度は上昇していく。すると、あるところで二酸化炭素は凝結してドライアイスの雲をつくってしまう。二酸化炭素の雲が全球を覆うようになると、二酸化炭素はそれ以上増加することができなくなる。

この「二酸化炭素の雲の形成問題」は、一九九一年にキャスティング博士が、過去の火星に関する研究の中で指摘したものだ。過去の火星は地球のように温暖湿潤だったのではないか、と考えられるような地形的証拠がいろいろ見つかっている。たとえば、太古の火星の北半球に大きな海が存在したことを示唆する海岸線跡や液体の水が流れたことを示唆する河床地形跡のようなものである。もしそれが液体の水が関与して形成された地形なのだとすると、太古の火星では、現在の地球のような温暖湿潤な環境が成立していた可能性がある。過去の火星において温暖湿潤な環境を形成するためには、数気圧もの二酸化炭素分圧が必要であると推定されていた。

ところが、太陽が暗い条件下で火星を温暖にしようとして二酸化炭素分圧を増加させると、二酸化炭素は大気上空で凝結して雲を形成してしまうことが明らかになったのだ。二酸化炭素が凝結することによって、二酸化炭素はそれ以上増加できなくなってしまう可能性もあり、さらに雲によって太陽放射が反射されて寒冷化が生じる可能性が高い。濃い二酸化炭素大気の温室効果によって過去の火星が温暖湿潤だったとするのは困難である、と考えられた。

となると、ハビタブルゾーンの外側限界は、二酸化炭素の凝結が生じて、二酸化炭素の雲が形成されはじめる軌道だということになる。そのような軌道は、現在の太陽系では、太陽からの距離が一・三七天文単位、すなわち火星軌道（一・五天文単位）よりも内側、ということになる。

しかしながら、キャスティング博士の研究では不明な点があった。それは、雲粒子のサイズだ。二酸化炭素の凝結によって形成される雲粒がどれくらいのサイズになるか、という問題である。実は、それによって地表の気候状態は大きく変わることになる。

博士は、雲粒のサイズを数マイクロメートル以下と仮定していた。その場合には、このような結論になる。しかしながら、地球上で形成される氷の雲粒は、十数〜数十マイクロメートルのサイズのものがみられる。火星でも一〇〜一〇〇マイクロメートルを超すような雲粒が形成されてもおかしくないという推定もある。その場合、地表から放射される赤外線を二酸化炭素の雲が反射・散乱することによって、温室効果のような役割を果たすことが分かったのだ。つまり、二酸化炭素の雲ができると、むしろより温暖な環境が形成されることになる。

その後の研究によれば、二酸化炭素の雲が形成されることにより、現在の太陽系では太陽から最大で約二・四天文単位の距離まで温暖湿潤な環境を維持することができそうだ、ということが分かってきた。二酸化炭素の温室効果にせよ、二酸化炭素の雲の温室効果にせよ、太陽からの距離があまりに遠くなると地表を温暖湿潤な環境に保つことはできなくなる。しかし、少なくとも火星はハビタブルゾーンに含まれることになる。

結局、現在の太陽系では、ハビタブルゾーンは太陽からの距離が〇・八四ないし〇・九五〜二・四天文単位の範囲ということになる。この領域内においては、条件さえ整えば、地表に液体の水が存在できる、というわけだ。

ただし、このような議論ではいつも忘れられがちな大事な点がある。ハビタブルゾーンとは、生命の生存を可能とする「液体の水が地表面に存在できる領域」のことであるが、いま議論しているのは、正確に言えば、「大気の温室効果が十分強ければ、液体の水が地表面に存在できる領域」なのであって、大気の温室効果が不十分ならば、この領域に惑星が存在しても、水は凍結してしまう。火星がそのよい例だ。

したがって、この軌道領域に惑星が形成され、一時的に温暖湿潤環境が形成されたとしても、惑星進化の大部分を通じてその環境を維持することができなければ、まったく意味がないのである。火星は、過去のある時期において、一時的にそのような環境を形成していたのかも知れない。しかし、現在の火星はその条件を満たしておらず、ハビタブルな惑星とはとてもいえない、ということを考えても分かるだろう。

太陽系では、ハビタブルゾーンに形成されかつ表層環境の安定化メカニズムを兼ね備えている惑星は、唯一、地球のみ、ということになる。

もうひとつ注意すべきポイントがある。星はその進化とともに徐々に明るさを増す、ということだ。したがって、ハビタブルゾーンは時間とともに外側の軌道へと移動する。ハビタブルプラネットであるためには、惑星の軌道が数十億年にわたってずっとハビタブルゾーンに存在し続けることが重要となる。そのような領域のことを、「連続的ハビタブルゾーン」と呼ぶ。もちろん、ある時刻でみた場合のハビタブルゾーンよりも軌道領域は狭くなる。

地球のようなハビタブルプラネットであるためには、そもそも惑星がこの連続的ハビタブルゾーンに誕生し、かつ物質循環による環境の維持機能を持つ必要がある、ということになる。ハビタブルプラネットは、この両方の条件を満たさなければならないのだ。

すでに太陽系外惑星系におけるハビタブルゾーンに地球型惑星を探索する計画がいろいろ検討されている。近い将来、第二の地球が発見されるのも、そう遠いことではないだろう。

3　存在するスノーボールプラネット

地球の気候システムには、無凍結状態、部分凍結状態、全球凍結状態の三つの安定状態があることは既に述べた。つまり、地球がハビタブルゾーンにありながら全球凍結状態に陥ること自体は、別に不思議ではないのだ。前述の通り、ハビタブルゾーンにあっても、大気の温室効果が不十分ならば、水は凍結してしまうのである。

ある惑星の軌道がハビタブルゾーンにあり、大気の温室効果が十分ならば、地表を温暖湿潤環境にすることはできる。しかし、ここに大きなパラドックスが存在する。地球型惑星の大気における最も一般的な温室効果気体は二酸化炭素である。しかし、二酸化炭素は温暖湿潤気候条件下においては非常に不安定で、放っておくと失われてしまうのだ。すなわち、二酸化炭素の温室効果によって液体の水が存在するような温暖湿潤な環境では、地表の化学風化作用とそれに続く炭酸塩鉱物の沈殿作用によって、二酸化炭素が消費されてしまう。したがって、それに対抗するためには、二酸化炭素の大気への連続的な供給が必要となる。

地球の場合、プレートテクトニクスと密接に関係した火山活動が活発に生じているので、大気中には二酸化炭素が常に供給されている。その結果、地球は全球凍結状態には陥りにくく、たとえ陥ったとしても数百万〜数千万年程度で無凍結状態に復活できる。地球は火山活動が活発なので、無凍結状態または部分凍結状態が基本的な姿なのである。全球凍結状態は、あくまで一時的な姿に過ぎない。

しかし、火山活動が不活発な惑星はどうなるのだろうか。そのような惑星は、たとえ表面に大量の水が存在していたとしても、それを液体状態で維持することは難しい。大気への二酸化炭素の供給が低いので、ほぼ間違いなく全球凍結状態に陥ってしまうからである。しかも全球凍結状態は数億年間あるいは数十億年間も継続するかも知れない。大気中に二酸化炭素が蓄積してくると氷は融解するかも知れないが、またすぐに全球凍結状態に陥って、そのまま、また数億年間あるいは数十億年間もずっと凍ったままということになるだろう。事実上、そのような惑星は全球凍結状態が基本的な姿である。

また、ハビタブルゾーンの外側領域に大量の水を持った惑星が形成された場合、やはりずっと全球凍結状態が維持されることになる。中心星の明るさは時間とともに増大するので、やがて氷が融けるような条件になるかも知れないが、その場合でも、もともと環境の安定化メカニズムが機能していなければどうしようもない。

ただし、ここで指摘しておきたい重要な点は、たとえ惑星表面の水が凍結していたとしても、惑星内部からの地殻熱流量によって、氷の下には液体の水が存在している可能性が高い、ということだ。私は、そのような惑星が、太陽系外惑星系には存在している可能性があり、それを「スノーボールプラネット」(雪玉惑星)と呼ぶのが良いのではないか、と提唱している。

実際、さまざまな質量の地球型惑星について、惑星内部の冷え方を計算してみると、誕生してから現在の地球の年齢である約四六億年という時間にわたって、十分大きな熱を出し続けることが分かる。これは、惑星内部ではウランやトリウムなどの放射性元素が存在しており、それらの壊変によって熱が発生しているためである。

一方、水は、惑星の材料物質(微惑星)にも含まれているほか、彗星の衝突によっても供給されるなど、惑星形成中及び形成後において、さまざまなプロセスによって惑星表面にもたらされると考えられている。そこで、地球と同程度の水(惑星質量の〇・〇二三重量パーセントに相当する量)を持つ地球型惑星について考えてみよう。

いろいろ調べてみると、質量が地球質量の約〇・四倍以上であれば、海が凍結しても、氷の下に液体状態の水が、惑星史を通じて存在し続けることが可能であることが分かった。地球で生じたスノーボールアースと同様、惑星内部からの熱流量が十分大きいため、海洋全体の凍結は免れるのだ。ただし、それ以下の質量だと、海は底まで完全に凍ってしまう。

ちなみに、火星は地球質量の約〇・一倍しかないので、もし過去に海が存在したとしても、火星はスノーボールプラネットにはなれない。

中心星からの距離が離れるほど惑星表面が受け取るエネルギーが減るため、表面温度は低くなり、したがって氷は厚くなる。それでも、たとえば地球の軌道をどんどん遠方に移動した場合、太陽から約四天文単位（木星軌道の少し内側）まで液体の水が存在し続けることができる。ハビタブルゾーンのずっと外側である。惑星の質量がもっと大きければ、地球よりもさらに地殻熱流量は大きく、水の量も多くなるため、液体の水が存在できる領域はより遠方まで広がる。たとえば、地球の三・五倍以上の質量を持つ場合には、太陽系外縁部の冥王星やエッジワース・カイパーベルト天体と呼ばれる小天体群の領域（約四〇天文単位＝約六〇億キロメートル）付近でも、まだ液体の水が存在できることが分かる。

スノーボールプラネットは、酷寒の惑星であり、一見すると、生命は生存することができないように思われる。しかし、思い出してほしい。地球はかつてスノーボールだったことを。地球の生命は度重なる原生代のスノーボールアース・イベントを生き延びたということを。

生命は、赤道域の凍結しない海か、乾燥域の薄い氷の下で生存できるかも知れない。あるいは火山地域では地熱によって氷が融けて生命が生存可能な温水プールが形成されているかも知れない。さらに、表面の凍結とは無関係に、海底熱水系で独自の生態系を維持することができるかも知れない。

そう考えると、スノーボールプラネットは、もしかすると生命が生存可能な惑星と見なすことができるのではないだろうか。全球凍結イベントは生命の大量絶滅を引き起こすような破局的な環境変動だ。しかし、まったく逆の見方をすれば、少なくとも、液体の水が存在するという意味において、生命の生存条件を満たしているともいえるのではないか。

太陽系には、実は、スノーボールプラネットと良く似た天体が存在している。木星の衛星のエウロパとカリストである。これらの天体は氷衛星と呼ばれているが、木星による巨大な潮汐力のために天体内部の氷が融け、「内部海」が存在すると考えられている。つまり、氷の地殻の下に液体の水が存在しているのである。液体の水があるので、当然、生命の存在可能性も指摘されており、探査計画が議論されるほどだ。その成因は異なるが、構造的にはスノーボールプラネットと良く似ているといえるだろう。

エウロパ表面は氷に覆われている。ひび割れのようなたくさんの線状の構造がみられ、場所によってはカオティックともいうべき非常に複雑な地形もみられる。よく観察すると、一度氷が割れて、内部から液体の水が溶岩のように噴出し、それが冷却されて再び固まったように見える地形が存在する。まさに、水による「火山活動」である。このような地形の存在も、内部海の存在を強く示唆している。

内部海については不明な点が多い。表面を覆う氷の厚さはたかだか数キロメートル程度という推定から五〇キロメートル程度というものまであり、論争が続いている。その氷の下に存在する内部海の深さは、おそらく数十キロメートルから百数十キロメートル程度で、「海底」には地球の海底でみられるような熱水噴出口が存在すると考えられている。

地球の海底熱水噴出口付近には、熱水噴出口から放出される水素や硫化水素などを酸化することによって得られる化学エネルギーを利用する化学合成細菌とそれを基礎とする生態系が存在することが知られている。私たちになじみ深い、太陽からの光エネルギーを使って光合成を行う生物を基礎とした生態系とはまったく異なるものである。それらの一部は、高温の熱水環境に適応した「好熱菌」もしくは「超好熱菌」と呼ばれる微生物である。とりわけ、超好熱菌の多くは、遺伝子のアミノ酸配列を用いてつくられた生物の系統樹の根本付近に位置づけられることが分かってきた。すなわち、超好熱菌は生物の中で最も古い系統に属しており、全生物の共通祖先は超好熱菌だったのではないかとも考えられている。地球上の生物は、もともと海底熱水系で誕生したのではないかという可能性も有力視されているほどだ。

このようなことを考えると、エウロパの内部海にも生命が存在している可能性が期待されて当然であろう。残念ながら、NASAの予算削減によって、当面、氷衛星の探査計画は実現されない見込みである。それにもかかわらず、エウロパは研究者の強い関心を引きつけてやまない天体であり、将来必ず探査機が打ち上げられるのではないかと期待される。

一方、地球のように、その表面の大部分を液体の水が覆っている惑星のことを、ここでは「オーシャンプラネット」(海惑星)と呼ぶことにしよう。オーシャンプラネットとスノーボールプラネットは、水惑星の気候システムが複数の安定な気候状態を持つという基本的な性質(気候の多重性)から導かれる、同じ水惑星の表と裏の姿である。共通するのは、液体の水が存在するということだ。

惑星の質量が増えれば、その分、惑星内部からの熱の放出も大きくなるため、海を覆う氷の厚さは薄くなる。一方で、水の存在度が地球と同じならば、惑星の質量が増えるほど惑星表面を覆う海は深くなる。この結果、大変面白いことが生じる。

惑星質量が地球質量の約四倍よりも大きい場合、海は絶対に完全凍結しないのだ。ここで「絶対に」というのは、中心星の明るさや公転軌道にかかわらず、という意味である。つまり、極端な話、その惑星は惑星系から放り出されて星間空間を漂っていたとしても、氷の下には液体の水を保ち続けることができる、ということになる。

太陽系外惑星系には、「スーパーアース」と呼ばれる、質量が地球の数倍〜一〇倍程度の惑星が存在することが、すでに観測によって分かっている。そのような惑星がもし豊富な水を持っていたら、地球のようにその表面に海が存在するオーシャンプラネットか、または氷の下に海が存在するスノーボールプラネットかのどちらかに必ずなる、と私は考えている。つまり、スーパーアースは、中心星の明るさやその公転軌道にかかわらず、必ず液体の水が存在しているはずであり、したがってハビタブルプラネットの有力候補ではないかと考えられるのだ。

これまで私たちは、生命が生存可能なハビタブルな惑星は地球のようなオーシャンプラネットだけだと暗黙のうちに考えてきた。ハビタブルゾーンの概念も、地表面に液体の水が存在できる領域として調べられてきた。しかし、宇宙にはスノーボールプラネットも存在しており、それによって生命の生存可能性はさらに広がるのではないか。その意味において、スノーボールプラネットもまた注目すべき太陽系外惑星のターゲットだといえるのではないだろうか。

むしろ、宇宙にはオーシャンプラネットよりもスノーボールプラネットの方がたくさん存在している可能性すらある。というのも、オーシャンプラネットは、地表環境を温暖湿潤な状態に保つ必要があることから、中心星をまわる公転軌道に強い制約がある（すなわちハビタブルゾーンの範囲に存在しなければならない）のに対し、スノーボールプラネットは惑星内部からの地殻熱流量によって液体の水を維持しているので、中心星からの距離よりも惑星のサイズに強く制約されるという特徴があるからだ。中心星からの距離が離れていても、惑星のサイズさえ大きければ、氷の下に液体の水を維持することが可能なのである。

氷に覆われたスノーボールプラネットは海に覆われたオーシャンプラネットと比べると、惑星アルベドが二倍以上も大きいため、同じサイズであれば、ずっと明るく輝いているはずである。

ということは、観測によって発見されやすいはずだ。

ただし、宇宙から地球を観測した場合、地球がスノーボールアースであった期間は、三回の全球凍結イベントを合計しても、おそらく一億年に満たないほどだから、そのような状態を観測できる確率は低いだろう。地球は本質的にスノーボールプラネットではなくオーシャンプラネットだからだ。

しかし、ちょっとおもしろい研究がある。スタンフォード大学のノーマン・スリープ博士とNASAエイムズ研究センターのケビン・ザーンレ博士によると、地球が誕生してから最初の数億年間、地球はスノーボールアースだったかも知れない、というのだ。

地球が形成されてから最初の数億年間は、太陽系ではまだ小天体が頻繁に衝突を繰り返していたことが、月の衝突クレーターの研究から明らかにされている。約四六億年前から約三八億年前までの間がそれに相当し、「隕石重爆撃期」と呼ばれている。地球では、現在の数千〜数十億倍という頻度で衝突が生じていた可能性があるのだ。

天体衝突が生じると、「イジェクタ」と呼ばれる衝突破片が大量に生成される。イジェクタのうち、とくに微小なものは表面積が大きいために、化学風化反応を受けやすい。したがって、頻繁な天体衝突によって大量のイジェクタが生成されると、二酸化炭素は大量に消費されることが予想される。その結果、この時期の地球大気は二酸化炭素をほとんどすべて失って全球凍結してしまうかも知れない、というのだ。すなわち、地球は初期の数億年間にわたってスノーボールアースだった可能性がある！　もしそれが本当だとすれば、若い星の周囲を観測すれば、スノーボールプラネットが発見される確率は高いということになる。

近い将来、太陽系外惑星系の観測によって、第二の地球候補というべき、オーシャンプラネットが発見されることを、私は心から願っている。しかし、それと同時に、真白い氷に覆われて明るく輝くスノーボールプラネットが発見される日が来るかも知れないことも、私は密かに期待しているのである。

エピローグ

カナダのオンタリオ州には原生代前期の氷河堆積物が広い地域に分布している。私たち一行は目的の地層を求めて西へ東へひたすら長距離移動をしなければならない。移動中の車内には、調査メンバーお気に入りのシャナイア・トゥウェインのヒット曲が繰り返し流れている。このカナダ・オンタリオ州生まれのグラミー賞歌手の歌声は、広大なオンタリオ州の大地によく似合う。

疾走する車の窓から外の景色をぼんやり眺めていると、ふと不思議な感覚に襲われる瞬間がある。ここは過去に何度も繰り返し氷河作用を受けた大地なのだ。いまは氷河など存在しないが、ほんの二万年前には厚い氷に覆われていたのである。そして約二二億年前にはスノーボールアース・イベントを経験したはずなのだ。

スノーボールアース仮説が提唱されてから一五年以上過ぎたいま、この仮説は学界にようやく受け入れられつつあるようにみえる。しかし、必ずしもカーシュビンク博士やホフマン博士の主張がそのまま受け入れられているというわけではない。いまやスノーボールアース仮説は、提唱者の手を離れ、数多くの研究者が検証し実証する作業仮説として、より詳細な議論をする段階に入っているのである。

二〇〇六年七月、スイスのアスコーナでスノーボールアースに関するはじめての国際会議が開催された。この会議にはさまざまな研究分野の科学者が集まり、この仮説を多角的に検証し集中的な議論がなされた。

会議の内容は、ドイツのミュンスター大学のグラハム・シールズ博士による、"Snowball Earth is dead! Long live Snowball Earth!"（スノーボールアースは死んだ！ スノーボールアース万歳！）と題する報告に詳しい。それによれば、カーシュビンク博士やホフマン博士のオリジナルの主張のいくつかには問題がありそうだが、低緯度氷床の存在をはじめとする基本的なコンセプトはむしろ合意が得られた、ということが書かれている。もちろん、カーシュビンク博士やホフマン博士の見解は必ずしもこれと同じではない。彼らは、あくまでもオリジナルの仮説の正当性を主張している。これからもまだまだ論争は続くであろう。

しかし、少なくとも、誰もが認めざるを得ない確かな証拠や問題の所在が共有されたことは、議論を前に進める上で、大きな進展だといえよう。もはや誰もが「当事者」の立場でスノーボールアース問題を議論する状況になったのである。

だが、新たな発見は新たな謎を生む。より詳細な地質調査、より精密な化学分析、より現実的な数値モデルを用いた研究を進めれば進めるほど、不思議な事実が明らかになってくる。

いうまでもなく、自然は複雑である。現実を説明するためには、当初の単純な仮説にはいろいろな修正が必要となる。しかし、たとえそうであったとしても、多くの研究者が共有する作業仮説の存在はとても重要だ。それによって、多角的な検証や議論が可能となるからだ。そしてまた、その結果を受けて作業仮説は改良され続ける。そのようにして、はるか太古の地球で起こった出来事の全貌が、少しずつ明らかになっていくのだ。

地球環境の素性や履歴をひとつひとつ明らかにしていくことによって、システムとしての地球がどのような挙動をするのか、現在の地球がどのような状態におかれているのか、そして地球がこれからどうなるのかについての理解が深まっていく。この意味において、全球凍結イベントのような日常からかけ離れた地球環境変動の研究は、むしろそれが非日常的かつ極端な変動であるがゆえに、地球システムの基本的な性質や機能を理解するための重要なチャンスだととらえることもできる。

スノーボールアース・イベントの研究は、たとえば現代の地球温暖化予測に直接役に立つわけではない。両者は、とりまく物理条件や変動の規模、変動の時間スケールがまったく異なる現象だからだ。スノーボールアース・イベントに関する研究は、あくまでも、過去に生じた地球環境変動を理解することが目的である。

しかしながら、全球凍結イベントを含む過去の地球環境変動の研究によって得られた知見は、現在、そして将来の地球環境の理解に必ず役に立つはずである。というのは、地球システムがどのように挙動するのかについて、現在の観測からは現在の条件下での振る舞いしか調べることができないからである。「斉一説」を思い出してほしい。現在とは異なる条件下におかれた場合に地球システムがどんな挙動をするのかについては、過去のさまざまな事例に関する詳細な知識の蓄積が大きな示唆を与えるはずである。

地球はいま、新生代後期氷河時代のまっただなかにある。氷期と間氷期が約一〇万年の周期で繰り返しており、ほんの一万年前までは寒冷な氷期だった。その後、地球は温暖な間氷期となり、人類は文明を繁栄させてきた。しかし、あと数千年から一万年くらいのうちに、またふたたび氷期が訪れることはほぼ確実であろう。

現在の地球がいかなる状況におかれているのかを正確に知るためには、現在に至る地球史の理解が不可欠なのは当然である。地球史を通じて、地球環境は常に変動してきた。変動の振幅が大きければ、生命の生存にまで影響が及ぶが、そこまで大きな変動が生じることはそうたびたびはない。つまり、変動の振幅は、基本的には、それほど大きくはない。

それでも、現在人類が直面している地球温暖化よりずっと大規模な地球環境変動は、過去に何度も生じてきた。だから、過去の地球環境変動について詳しく調べておくことは、現在の地球環境が今後どうなるのかを予測するために有益であるばかりでなく、必要なことでもある。

現代の地球温暖化は、人類が化石燃料の消費や森林伐採などによって、大気中に大量の二酸化炭素を猛烈な勢いで放出することによって生じている。問題はその速度にある。人類活動による二酸化炭素の放出速度は、火山活動による二酸化炭素の放出速度の約三〇〇倍にも達する。地球システムは、そのような大きな速度での二酸化炭素の放出にすぐには対応できず、大気中の二酸化炭素は急激に増加する結果となる。このまま二酸化炭素の放出が続くといったいどうなってしまうのだろうか。

二酸化炭素は、陸上植物や海洋の光合成生物の活動によって固定される。植物の成長は二酸化炭素濃度が高いほど促進されるため、大気中の二酸化炭素濃度が上昇すれば、より多くの二酸化炭素が光合成によって固定されることが期待できなくもない。しかし、気温の上昇にともなって陸上土壌中に大量に蓄積されている有機物の微生物による酸化分解が促進される可能性も高く、そうなると大量の二酸化炭素が大気に放出される結果となる。正味での二酸化炭素濃度の変化がどうなるかの予測は簡単ではない。

さらに、現在まだよく理解されていないプロセスが生じる場合には、もっと予測が難しくなる。たとえば、気温上昇によって永久凍土層が融け、メタンハイドレートが分解するかも知れない。海水温の上昇によって海底のメタンハイドレートの分解が生じる可能性もある。そうなれば、強力な温室効果を持つメタンが大気中に放出され、温暖化をますます加速するかも知れない。

また、温暖化によって南極やグリーンランド氷床の大規模な崩壊が起こり、急激な海面上昇が生じるかも知れない。現在予測されている海面上昇は、海水温の上昇による海水の熱膨張の効果を考慮したもので、今世紀末までに最大で五九センチメートルの海面上昇が生じる可能性が予測されている。しかし、グリーンランドや南極の氷床が融ければ、それではすまなくなる。

たとえば、グリーンランド氷床が全部融けると、海面上昇は約六メートルにもなる。さらに南極氷床が全部融けると、海面上昇は約六〇メートルにも達する。こうした氷床の融解は今後一〇〇年間では生じないだろうと考えられているが、地球史を振り返ると、大規模な氷床の崩壊とそれにともなう海面上昇は、突然かつ急激に生じたことが知られており、十分注意を必要とする。氷床は、少しずつ崩壊するというより、あるとき、突然、劇的に崩壊するようなのだ。

さらには、温暖化によって海洋深層水の形成が弱まり、地球の南北間の熱輸送効率が悪くなるかも知れない。そうなれば、ヨーロッパを中心に寒冷化が生じる可能性すらある。あるいは、もしかすると現在とは異なる複数の気候状態が存在して、それらの気候状態間を頻繁に遷移するような、とても不安定な気候モードに陥るかも知れない。

これらの現象は、過去において実際に生じたらしいことが知られているが、現代の地球温暖化を予測する上では、まだきちんと考慮や検証がされていない。こうした現象やプロセスは、現代の地球温暖化では生じないかも知れないし、生じるとしてもずっと先の話かも知れない。

しかし、どんなに最新のスーパーコンピュータを使っても、もともとモデルに組み込まれていないプロセスが関与する現象については予測のしようがない。まったく想定外の、あるいは未知のプロセスが重要な役割を演じる可能性もあるのだ。

だからこそ、重ねて言うが、私たちは過去に生じた地球環境変動を詳しく調べ、そこからさまざまな可能性について学ぶ必要がある。それが現在の地球環境を理解し、将来の地球環境を予測するための重要なヒントを与えてくれるかも知れないからだ。

スノーボールアース・イベントは、地球史上最大規模の地球環境変動である。それはまさに惑星スケールの変動であり、オーシャンプラネットからスノーボールプラネットへの、気候状態の相転移ともいうべき現象だ。

そのような大規模地球環境変動は、生物にとってきわめて大きな試練となったはずであり、結果的に生物の大進化を促した可能性がある。私たちがいまここに存在している理由も、スノーボールアース・イベントと関係しているのかも知れない。

しかし、もしそうだとすると、地球と生命の関係は、私たちが想像しているような優しい関係ではないことになる。生物の大進化は、生物の大絶滅をもたらすような破局的地球環境変動こそが促してきたということになるからだ。

原生代の氷河時代の謎は、まだ完全に解明されたわけではない。そのとき生じた現象そのものも、酸素濃度の増加や生物進化との関係についても、まだ分からないことばかりである。しかし、それは裏返せば、まだこれから新しい事実が次々と明らかになっていくはずだということでもある。私たちはいま、とてもエキサイティングな時代に居合わせているのだ。

スノーボールアース仮説をめぐる今後の研究の展開を、私自身とても楽しみにしている。

本書を執筆するにあたり、ジョセフ・カーシュビンク、多田隆治、磯崎行雄、浜野洋三、橘省吾、関根康人、後藤和久、大河内直彦、鈴木勝彦の各氏には、スノーボールアース・プロジェクトへの協力及び有益な議論をしていただいた。また、山本信治、平井建丸、木村壮、金井健の各氏には学術調査に同行し、試料分析等の作業を行ってもらった。そして、新潮社の今泉正俊氏には今回の企画をいただき、また的確な助言をいただいた。この場を借りて感謝を申し上げたい。

新潮選書

凍《こお》った地球《ちきゅう》——スノーボールアースと生命進化《せいめいしんか》の物語《ものがたり》

著　者……………………田近英一《たちかえいいち》

発　行……………………2009年1月25日

発行者……………………佐藤隆信
発行所……………………株式会社新潮社
〒162-8711 東京都新宿区矢来町71
電話　編集部 03-3266-5411
　　　読者係 03-3266-5111
http://www.shinchosha.co.jp
印刷所……………………錦明印刷株式会社
製本所……………………株式会社大進堂

乱丁・落丁本は、ご面倒ですが小社読者係宛お送り下さい。送料小社負担にてお取替えいたします。
価格はカバーに表示してあります。

ISBN978-4-10-603625-5 C0344

分類という思想　池田清彦

分類するとはどういうことか、その根拠はいったい何なのか――豊富な事例にもとづいてこの素朴な疑問を解き明かす。生物学の気鋭がおくる分類学の冒険。《新潮選書》

科学者とは何か　村上陽一郎

19世紀にキリスト教の自然観の枠組からはなれて誕生した科学者という職能。閉ざされた研究集団の歴史と現実。その行動規範を初めて明らかにする。《新潮選書》

卵が私になるまで――発生の物語――　柳澤桂子

一ミリにも満たない受精卵は、どういうメカニズムで《人間のかたち》になるのだろう？　生物学の最前線が探り得た驚くべき生命現象を分かりやすく解説。《新潮選書》

森にかよう道――知床から屋久島まで――　内山節

暮らしの森から経済の森へ――知床の原生林や白神山地のブナ林、木曾や熊野など、日本全国の森を歩きながら、日本人にとって「森とは何か」を問う。《新潮選書》

「里」という思想　内山節

グローバリズムは、私たちの足元にあった継承される技や慣習などを解体し、幸福感を喪失させた。今、確かな幸福を取り戻すヒントは「里＝ローカル」にある。《新潮選書》

泥の文明　松本健一

アジアに根づく稲作文化は「工夫」「一所懸命」「共生」という気質を育てた。「泥の文明」こそが、地球を覆う諸問題を解決する鍵を握る。独創的なアジア論。《新潮選書》